专家释疑解难农

肉鸡养殖技术问答

主　编

黄仁录　陈　辉

编著者

王翠菊　侯永刚

王洪芳　王　飞

李军乔　杨秋霞　张竞乾

金盾出版社

内 容 提 要

本书由河北农业大学动物科技学院黄仁录教授等编写。内容包括：我国肉鸡产业的现状，肉鸡健康高效养殖的品种，肉鸡场建设与环境控制，肉鸡营养需要与饲料，肉鸡的饲养管理，肉鸡的疾病防治等。内容紧密联系生产实际，将肉鸡生产中的难点、疑点技术以问答形式，直观明确地表述出来，对生产的指导性强，适合肉鸡养殖场（户）、基层技术推广人员、农业院校相关专业师生阅读参考。

图书在版编目(CIP)数据

肉鸡养殖技术问答/黄仁录，陈辉主编．—北京：金盾出版社，2010.6(2019.8重印)

（专家释疑解难农业技术丛书）

ISBN 978-7-5082-6328-1

Ⅰ．①肉…　Ⅱ．①黄…②陈…　Ⅲ．①肉鸡—饲养管理—问答　Ⅳ．①S831.4-44

中国版本图书馆 CIP 数据核字(2010)第 049041 号

金盾出版社出版、总发行

北京市太平路 5 号(地铁万寿路站往南)

邮政编码：100036　电话：68214039　83219215

传真：68276683　网址：www.jdcbs.cn

北京军迪印刷有限责任公司印刷、装订

各地新华书店经销

开本：787×1092 1/32　印张：6.25　字数：131 千字

2019 年 8 月第 1 版第 7 次印刷

印数：31 001～34 000 册　定价：19.00 元

目　录

一、我国肉鸡产业的现状

1. 我国鸡肉消费市场的特点有哪些?

随着我国经济的发展和人民生活水平的不断提高，大众膳食的肉类消费结构也在发生着深刻的变革。以猪肉为代表的红肉消费比重逐年递减（由 1982 年 83.6%下降至 2006 年的 64.6%），而以鸡肉为代表的白肉消费比重正在逐年递增（由 1982 年 5%上升至 2006 年的 13%）。但是，目前我国肉鸡消费市场仍存在两个偏低：

(1)鸡肉占肉类总产量的比重偏低 我国的肉类生产结构与国际水平仍存在很大差距。从世界范围来看，2006 年，鸡肉、猪肉产量分别占肉类总产量的 26%和 38.5%；但我国鸡肉占肉类总产量的比例比世界平均水平低 13%，而猪肉占有率却比世界高 26%。

(2)国内人均鸡肉消费量偏低 国内消费者错误地认为“肉鸡含有激素”，主动抑制鸡肉消费；另外，我国的肉类消费习惯还偏重猪肉，这使得我国人均鸡肉年消费水平与国际水平有很大差距。以目前世界主要地区来说，美国的鸡肉人均年消费量 43.67 千克，加拿大 32.14 千克，欧盟 15.6 千克；同为发展中国家的巴西，人均年消费量也达到 33.3 千克；我国台湾省人均年消费量也有 28 千克，这些都远远高于我国内地人均 8 千克的水平。

2. 我国肉鸡业发展的优势有哪些？

(1)区域优势 我国肉鸡生产正由分散走向集中，这有利于发挥地区优势。目前，肉鸡生产主要集中在山东、江苏、河北、辽宁、吉林等几个省份，2005 年排在我国禽肉产量前 10 位的省份其产量合计占全国总产量的 72.2%。

(2)规模优势 我国家禽生产正在由传统的分散饲养方式，向规模化、集约化方向发展，其中肉鸡业规模化养殖比重最高，2005 年出栏肉鸡 2 000 只以上的养殖场（户）占全国出栏肉鸡总量的 73.5%。

(3)产业化优势 近年来我国肉鸡业不断发展，涌现出一批产业化龙头企业，形成了以龙头企业为依托，“龙头企业＋基地＋标准化”的发展模式，有力地带动了产业的发展。

(4)人力优势 我国人口众多，劳动力资源丰富。虽然近年随着我国经济的发展，人力成本有所上升，但相对于发达国家，人力成本仍然是我们的优势所在。

3. 我国养殖观念与国外有什么不同？

第一，对于规模效益，国外养殖业靠规模获得高效益，注重一个生产规模得到的回报；而我国追求单只获利水平。

第二，对于投入与产出，国外注重一次性投入和运行成本的关系，即更多地考虑投入成本给运行带来的效益；而我国在饲养业的投入上讲便宜，结果导致有规模无质量，使运行的费用大大增加，成本失去竞争力。

第三，对于算账方法，国外养殖业的投资按每平方米创造的效益计算回报，如每平方米产出多少肉来计算饲养效益；我国仍延续每平方米饲养个体数量来计算产出。前者非常科学地分析和认定固定费用的投资回报，而后者总是在个体回报上兜圈子，使投资的可行性分析和实际核算陷入怪圈。

第四，对于防疫上，国外饲养者强调自身的管理，以不给社会环境和他人带来危害和影响为生产前提；我国是自身高墙垒筑戒备森严，防止外来污染，而少数场和人将死鸡污物等抛向社会，这是两种截然不同理念的结果。国外由于大家都重视对环境的保护，疾病暴发的概率逐年减少；而我国由于大环境遭到破坏，环境污染的影响使疾病对千家万户造成严重的威胁。

4. 推动我国肉鸡产业发展的措施有哪些？

一是，制定产业政策和发展规划。

二是，推行健康高效养殖，健全肉鸡业发展保障体系，改变生产模式，提高肉鸡生产力。

三是，完善良种繁育体系，加快优质肉鸡的发展。

四是，完善生物安全的体系建设。

五是，积极应对饲料原料缺乏，开发利用非常规饲料资源，改进配方技术和应用新工艺。

六是，加强行业组织的力量，客观公正的媒体宣传，积极推广产业化，引导消费。

二、肉鸡健康高效养殖的品种

1. 什么叫品种、品系？肉鸡的品种如何分类？

品种是指在一定自然环境和经济条件下，为某一特定目的进行选择、培育而形成的群体。这个群体具有大体相似的体型外貌和相对一致的生产性能，并且能够把其特点和性状遗传给后代。如科尼什肉鸡和白洛克肉鸡等。品系是指在一个封闭的品种内，即不与外来的任何种、系杂交，采取定型或定性培育成的群体，都具有相同的特性或特征的稳定后代。品系的概念小于品种。一个品种一般都有若干个品系。

肉鸡品种按照现代养鸡品种分类法分为父系和母系。

(1)父系 肉鸡生产用父系，要求产肉性能优越，早期生长速度较快。目前，生产肉仔鸡的父系，是从白科尼什鸡中培育的纯系，用它与母系杂交后生产的肉仔鸡都是白羽，避免屠体上因有色残羽，影响屠体品质及外观。有些地方也用红科尼什鸡培育父系。

(2)母系 肉鸡生产用母系，要求具有较高的产蛋量和良好的孵化率，孵出的雏鸡体型大、增重快等。培育肉鸡母系一般采用产蛋较多的肉用型品种或兼用型品种，目前生产中多采用白洛克鸡、浅花苏塞斯鸡等。

2. 什么叫配套系？肉仔鸡为什么用配套系杂交鸡？

配套系是一个特定的繁育体系，这个体系中包括纯种

(系、群)繁育和杂交繁育两个环节。配套系杂交鸡是指经过配合力测定确定的杂交组合所生产的杂交后代,这种杂交后代具有明显的杂种优势。在制种试验过程中,可能有多个杂交组合,而只有配合力强的杂交组合才能被筛选出作为配套杂交组合。配套杂交组合中各个品系都有自己特定的位置,不能随意改变。因为配套杂交鸡综合了双亲的优点并常常超过双亲,特别是在生活力方面显著地优于纯种,因此,生产肉仔鸡必须饲养配套杂交鸡。

3. 符合健康、高效养殖要求的肉鸡品种应具备哪些特点?

(1)生长迅速,生产周期短,饲料转化率高 由于遗传育种技术和饲料营养技术的进步,现代肉鸡的生产效率越来越高。优良肉鸡从出壳约 40 克体重至 2 千克出栏,只需要 35 天左右的时间,除去清理、消毒、空舍时间,一栋鸡舍每年至少可以饲养肉鸡 6 批,设备利用率和资金周转率高。优良的肉鸡品种,体重达到 2 千克时的耗料增重比(料肉比)为 1.7~1.9∶1。

(2)鸡群均匀度高,商品性强 均匀度是指体重在平均体重±10%范围内的鸡数占总测定鸡数的百分比。一般要求≥80%。

(3)机体免疫能力强,抗病性强 肉鸡体质较弱,抵抗力弱时,容易诱发疾病,还可并发呼吸道疾病,造成损失。健康高效肉鸡品种自身免疫能力要强,抗体水平高,在不利情况下能够抵抗疾病病毒、细菌的入侵。

(4)适应性强 在集约化畜牧业中,影响畜禽正常生理活动的应激源日趋增多,这要求肉鸡的抗应激能力强,主要是对下列应激因素:①饲养管理因素,包括笼养、饲养密度过大、捕捉、转移与运输、争斗、强制换羽(绝食、绝水)、限制饮水、限制饲喂、不良饲料(营养)、免疫接种、断喙等。②环境因素,包括酷暑、严寒、强辐射、低气压、通风不良(有毒有害气体、尘埃、湿气)、强风与贼风、噪声等。③微生物感染,细菌、病毒、寄生虫、支原体及衣原体等。④其他人为因素,如对生产性能的强度选育和利用、各种造成不适的机械和设备的利用、对畜禽进行有不良刺激的试验等。为了维持畜禽的正常生长和生产秩序,要求肉鸡本身的适应性强。

4. 选择优质肉鸡品种时应注意哪些问题?

(1)选择质量好、信誉度高的种鸡场购雏鸡 肉鸡饲养效益与所养的品种有密切的关系。种鸡场要管理规范,没有经蛋传的疾病,特别是要按良种繁育体系要求经常引种更新种群。

(2)选择适销对路的品种饲养 首先要根据市场的需求情况,如对肉鸡羽毛色泽、肤色、体重大小、肉质等的喜爱倾向及在市场上的价格差别,选择销路广、产品价格高的品种来饲养。一旦选养了某一优良品种,只要市场需求不变,就不要频繁更换,这是养鸡能否具有销路和效益的重要前提。

(3)了解孵化厂销售的鸡苗在当地饲养情况的反映 由于种鸡场孵化技术、饲养管理及疫病控制措施不同,可导致不同种鸡场孵出鸡苗的生产性能存在显著的条件性差异。如有些孵化厂孵出的雏鸡明显存在发病率高、成活率低、免疫效果差等现象。所以,养鸡户在进雏前一定要了解种鸡场和孵化厂以往的声誉,千万不要不看质量只买廉价雏鸡苗。

(4)在选择品种时,目的要明确,不可盲目引种 在一个鸡场不宜同时饲养多个优质肉鸡品种，一般只能饲养1个或2个品种，最好只养同一种鸡场引进的同一个品种。

5. 我国常见的肉鸡品种有哪些？

(1)艾维茵肉鸡 美国艾维茵国际有限责任公司培育的三系配套白羽肉鸡品种。特点：体型饱满、胸宽、腿短、黄皮肤、增重快、饲料报酬率高、成活率高、种用鸡产蛋多、孵化率高，商品肉仔鸡皮肤微黄、羽毛根细小、皮肤光滑、肉质细腻等。

(2)爱拔益加肉鸡 简称A. A. 肉鸡，是世界著名的现代肉鸡品种，是由美国爱拔益加种鸡公司培育的四系配套白羽肉用鸡种。父本为白科尼什型，母本为白洛克型。特点：体型大、生长发育快、饲料转化率高、适应性和抗病力强、饲养量大。

(3)罗曼肉鸡 罗曼肉鸡由德国罗曼动物育种公司培育而成，四系配套杂交种。特点：胸宽体圆、胸部和腿部肌肉丰满、产肉性能高、生长发育快、饲料转化率高、适应性强、受精率、孵化率、雏鸡成活率高。

(4)优质黄羽肉鸡 遗传稳定、性能优异，具有黄羽、单冠、胫短、胸宽、性情温和、抗病力强、成活率高、增重快等特点，生长速度较地方黄羽肉鸡快，特别是肉质和外观好，比同类鸡节省饲料14%～20%。常见品种有杏花鸡、清远麻鸡、北京油鸡等。

6. 如何根据当地的饲养条件及环境气候条件选择合适的肉鸡品种？

(1)首先了解鸡种的特征 肉鸡品种根据羽毛颜色可分

为白羽和有色羽。白羽肉鸡的特点是生长速度快(6 周龄体重可达 2.5 千克以上),饲料转化率高(1.7～1.8∶1),但其适应性较差,目前常见的鸡种有爱拔益加(简称 A.A. 肉鸡)、艾维茵、罗斯 308 鸡等。有色羽鸡的特点是生产性能比大部分的白羽鸡低,但适应性一般比白羽鸡较强。根据生长速度的不同,有色羽鸡又可分为快速型、中速型和优质型。快速型鸡,6 周龄体重一般在 1.5 千克左右,料肉比为 1.8～1.9∶1,该鸡种有苏禽黄商品肉鸡等;中速型鸡,母鸡在 80～100 天上市,体重达到 1.5～2.0 千克,耗料增重比约为 2.7∶1,鸡只要求"三黄"特征明显;优质型肉鸡,生长速度缓慢,母鸡在 90～120 天上市,体重达 1.1～1.5 千克,料肉比也较高(一般超过 3.0∶1),目前该鸡种以未经杂交改良的地方鸡种为主。

(2)适应性 肉用仔鸡要求抗病性强,成活率高,最好选养与饲养地气候相近的国家或地方培育的鸡种,容易适应饲养地的气候环境。

(3)根据养殖条件和养殖经验,选择适宜的鸡种 一般地说,在鸡舍或环境条件较好和有一定经验的情况下可以养殖生产性能突出的鸡种;反之,则以选择适应性较强的鸡种为宜。

7. 如何根据市场需求,确定适宜的品种?

(1)考虑生长速度 选用早期生长速度快的品种,如 A.A. 肉鸡、艾维茵等。

(2)考虑鸡羽色和市场需求 市场对羽色没有具体要求的可选养白羽鸡,如市场对羽色有要求的,可选养有色羽肉鸡,如要加工冻鸡出口外销的,应选择白羽肉鸡饲养,其加工屠体美观;如以活鸡内销市场的可选养有色羽肉鸡,不但外表美观，而且肉质鲜美。

(3)考虑肉味 从肉质鲜美、嫩度好的角度，可选养我国优良地方鸡种和培育鸡种。

(4)考虑价格和就近原则 尽量在本地购买合适的肉用仔鸡饲养。根据市场需求，选择产品适销对路的鸡种。白羽肉鸡因体型大、胸腿肌发达，且光鸡体表不会残留有深色的针羽和绒毛，便于进行产品的深加工等特点，在北方地区销售市场较大；有色羽鸡则因具有肉味鲜美、浓郁、肉质滑嫩、骨骼细小等特点，深受我国南方大多数消费者的喜爱，在南方地区销路较好。

(5)根据养殖的预期效益选择鸡种 肉鸡的养殖效益受苗鸡、饲料价格、生产水平及成鸡的销售价格等多种因素的影响，养殖户可根据当时的市场情况对效益进行适当的预测，选择能带来较大收益的鸡品种养殖。

8. 如何分析不同肉鸡品种的发展潜力？

(1)了解不同肉鸡品种在当地肉鸡生产中的地位和供求现状 如优质黄羽肉鸡的主要产地是在我国南方各省、自治区，特别是广东、广西、云南和福建，生产量约占肉鸡总数的1/3～1/2，这些地区饲养黄羽肉鸡要比白羽肉鸡效益好；相反，北方地区以白羽肉鸡为主，白羽肉鸡因体型大、胸腿肌发达，且光鸡体表不会残留有深色的针羽和绒毛，便于进行产品的深加工等特点，在北方地区销售市场较大。

(2)了解当地对肉鸡生产的需求 在质量方面要求鲜美、肉质细腻滑软、皮薄、肌间脂肪适量、味香诱人，符合需要的鸡种发展潜力就大。

9. 如何培育符合健康、高效养殖的肉鸡品种?

(1)制定培育健康、高效肉鸡的原则 整体最优,避免近交,突出优秀,实现增强型选配。

(2)长期跟踪掌握当前不同品种肉鸡性状特点资料来培育健康、高效肉鸡 记录不同品种肉鸡生产性状,分析各品种肉鸡的性状特点,将肉鸡不同类型的性状特点分类归属来培育健康、高效型肉鸡,从各性状中提取优良性状来培育健康、高效型肉鸡品种。

(3)充分利用伴性遗传原理 根据伴性遗传原理通过对肉鸡品种的伴性性状的选择,伴性基因的选择,进行健康、高效型肉鸡育种。

(4)选择适当的育种方法 根据不同品种肉鸡的表现性状特点以及各种育种方法的适用范围来选择育种方法;根据育种目标确定重点的生产性状;结合生产性状、育种方法、育种目标因素进行育种方法的确定。

(5)寻找新的突破途径来培育健康、高效的肉鸡品种,提高培育的效率 如采用分子与细胞育种技术选择育种、提取目的性状基因、采用生化遗传检测技术、采用分子遗传学检测方法等。

(6)通过建立各种专业、系统的禽类研究会来促进健康、高效型肉鸡品种培育的发展 在各地组建专业的研究机构,定期召开养禽大会,通过研究机构与养殖企业间的协调合作来促进健康、高效型肉鸡品种培育的发展。

三、肉鸡场建设与环境控制

1. 在建立肉鸡饲养场时,应必备的自然条件有哪些?

(1)地形地势　场址应选在地势较高、干燥平坦的地方,还要容易排水、排污和向阳通风。养鸡场要远离沼泽地区,因为沼泽地区常是鸡只体内外寄生虫和蚊虻生存聚集的场所。鸡场所处位置一般高出地面 0.5 米。若在山坡、丘陵上建场,要建在南坡,因为南坡比北坡温度相对高,蒸发量大,湿度低。养鸡场的地面要平坦而稍有坡度,以便排水,防止积水和泥泞,坡度不要过大,一般不超过 25%。坡度过大,建筑施工不便,也会因雨水长年冲刷而使场区坎坷不平。养鸡场的位置要向阳背风,以保持场区小气候温热状况的相对稳定,减少冬春风雪的侵袭,特别是避开西北方向的山口和长形谷地。有条件还应对地形进行勘察,断层、滑坡和塌方的地段不宜建场,还要躲开坡底,以免受山洪和暴风的袭击。

(2)土质　鸡场内的土壤,应该是透气性强、毛细管作用弱、吸湿性和导热性小、质地均匀、抗压性强的土壤,以沙质土壤最合适,以便雨水迅速下渗。愈是贫瘠的沙性土地,愈适于建造畜禽舍。如果找不到贫瘠的沙土地,至少要找排水良好、暴雨后不积水的土地,以保证在多雨季节不会出现潮湿和泥泞。因为养畜禽最主要的就是应保持畜禽舍内外清洁干燥。

(3)水源水质　一是水量要充足,既要能满足鸡场内的人、鸡等生产、生活用水,又要满足鸡场的其他需要;二是水质要求良好，不经处理即能符合饮用标准的水最为理想。此外，在选择时要调查当地是否因水质而出现过某些地方性疾病等；三是水源要便于保护，以保证水源经常处于清洁状态，不受周围条件的污染；四是要求取用方便，设备投资少，处理技术简便易行。

2. 在建立肉鸡饲养场时，社会条件方面需考虑哪些？

(1)远离居民区和工业区 鸡场场址的选择，必须遵守社会公共卫生准则，使鸡场不致成为周围社会的污染源，同时也要注意不受周围环境的污染。因此，鸡场的位置应选在居民点的下风处，地势低于居民点，但要离开居民点污水排出口，不要选在化工厂、屠宰场、制革厂等容易造成环境污染企业的下风处或附近。鸡场与居民点之间的距离应保持在1 000米以上，鸡场相互间距离应在2 000米以上。

(2)交通要便利，防疫要好 鸡场投产后经常有大量的饲料、产品及废弃物等需要运进或运出，其中鸡蛋、雏鸡等在运输途中还不能颠簸。因此，要求场址交通便利，道路平整。同时，便于鸡场对外宣传及工作人员外出。但为了防疫卫生及减少噪声，鸡场离主要公路的距离要在2 000米以上，同时修建专用道路与主要公路相连。

(3)电力保证 选择场址时，还应重视供电条件，必须具备可靠的电力供应，最好应靠近输电线路，尽量缩短新线铺设距离，同时要求电力安装方便及电力能保证24小时供应。必要时可以自备发电机来保证电力供应。

(4)有广泛的种植业结构 为了使养殖业与种植业紧密结合，在选择肉鸡场外部条件时，一定要选择种植业面积较广的地区来发展畜牧业。这一方面可以充分利用种植业的产品来作为畜禽饲料的原料;另一方面可使畜牧业产生的大量粪尿作为种植业的有机肥料,从而实施种养结合,实现农业的可持续发展。

3. 肉鸡饲养场建设中如何减少投资,提高效率?

(1)缩短道路管线,利于运输 在建筑物和道路布局上应考虑生产流程的内部联系和对外联系的连续性,尽量使运输路线方便、简洁、不重复、不迂回。管线、供电线路的长短,设计是否合理,直接影响建筑物的投资,而道路的设计和管道的安装又直接影响建筑物的排列和布局,各建筑物之间的距离要尽量缩短,建筑物的排列要紧凑,以缩短建筑道路、管线的距离,节省建筑材料,减少投资。

(2)利于生产管理,减小劳动强度 工厂化养鸡场在总体布局上应使生产区和生活区做到既分割又联系,位置要适中,环境要安静,生活区不受鸡场的空气污染和噪声干扰,为职工创造一个舒适的条件,同时又便于生活、管理。在进行鸡场各建筑物的布局时,需将各种鸡舍排列整齐,使饲料、粪便、产品、供水及其他运输呈直线往返,减少转弯拐角。一般来讲,行政区、生活区与场外道路相通,位于生产区的一侧,并有围墙相隔,在生产区的进口处,设有消毒间、更衣室和消毒池。饲料间的位置,应在饲料耗用比较多的鸡群鸡舍附近,并靠近场外通道。锅炉房靠近育雏区,保证供暖。

(3)改善劳动条件,提高工作效率 目前,大多数养鸡场基本都采用集约化密集笼养,但大多数还是人工饲养,每人平均1 500～2 000只。大型养鸡场机械化程度高,人均3 000只以上。应提高养鸡场的机械化程度,提高劳动效率。

4. 肉鸡饲养场整体布局应注意哪些问题?

肉鸡饲养场包括生产区和非生产区两大部分。生产区包括饲养流程中的孵化室、育雏室、育成舍和成鸡舍等。非生产区包括饲料库、蛋库、办公室、供热房、供电房、维修室、车库、兽医室、消毒更衣室、食堂、宿舍等。肉鸡饲养场的整体布局应遵循以下原则。

(1)利于生产 鸡场的总体布置首先要满足生产工艺流程的要求,按照生产过程的顺序性和连续性来规划和布置建筑物,达到有利于生产,便于科学管理,从而提高劳动生产效率。

(2)利于防疫 工厂化养鸡场鸡群的规模较大,饲养密度高,鸡的疾病容易发生和流行,要想保持稳产高产,除了搞好卫生防疫工作以外,还应在场房建设初期,考虑好总体的布局,当地的主要风向,暴发过何种传染病等。在布局上,一方面应着重考虑鸡场的性质、鸡体本身的抵抗力、地形条件、主导风向等几方面的问题,合理布置建筑物,从而满足其防疫距离的要求;另一方面还要采取一些行之有效的防疫措施。具体要求如下:①生产区与行政管理区和生活区分开。因为行政管理区人员与外来人员接触的机会比较多,一旦外来人员带有烈性传染病,管理人员就会成为传递者,将病原菌带进生产区;从人的健康方面考虑,也应将行政管理区设在生产区的上风向,地势高于生产区,将生活区设在行政管理区的上风向。②孵化室与鸡舍分开。孵化室与场外联系较多,宜建在靠近场前区的入口一侧。孵化室要求空气清新,无病菌,若鸡舍周围空气污染,加之孵化室与鸡舍相距太近,在孵化室通风换气时,有可能将病菌带进孵化室,造成孵化器及胚胎、雏鸡的污染。③料道与粪道分开。料道是饲养员从料库到鸡舍运输饲料的道路，粪道是鸡场通向化粪池的道路。粪道不能与料道混在一起，否则易引发传染病。

5. 鸡舍有哪些类型？各有什么优缺点？

鸡舍因分类方法不同有多种类型，如按饲养方式可分为平养鸡舍和笼养鸡舍；按鸡的种类可分为种鸡舍、蛋鸡舍和肉鸡舍；按鸡的生产阶段可分为育雏舍、育成鸡舍、成鸡舍；按鸡舍与外界的联系或鸡舍的形式，可分为开放式鸡舍和密闭式鸡舍。除此之外，还有适合专业户小规模养鸡的简易鸡舍。各类鸡舍的特点如下。

(1)地面平养鸡舍 这种鸡舍与平房相似，在舍内地面铺垫料或加架网栅后就地养鸡。此种优点是鸡舍对建筑要求不高，投资较少。缺点是舍内的地面需铺设垫料，因而必须经常清洗垫料，彻底消毒，以减少疾病的发生，一般中小型肉鸡场均采用。

(2)网养鸡舍 该鸡舍四壁与舍顶结构均可采用本地区的民用建筑形式，但在跨度上要根据所选用的设备而定。一般在离地50～80厘米处搭设网、栅，鸡养在网栅上，网栅用金属丝、竹片、木条等编排而成(图1)，在网栅的周围设置围栏，料槽、水槽放在网上(图2，图3)。这种饲养方式由于不接触地面，可以减少寄生虫病的发生。

(3)笼养鸡舍 该鸡舍四壁与舍顶结构均可采用本地区的民用建筑形式，但在跨度上要根据所选用的设备而定。其特点是把鸡关在笼格中饲养，因而饲养密度大，管理方便，饲料报酬高，疫病控制较容易，劳动生产效率高。缺点是饲养管理技术严格，造价高，笼养鸡的猝死综合征影响鸡的存活率，

图 1　网上平养

图 2　饲料盘

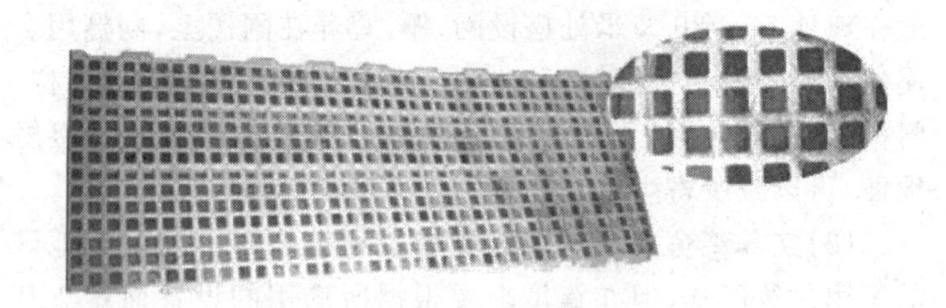

图 3　肉鸡塑料漏粪地板

淘汰鸡的外观较差，骨骼较脆，出售价格低。

(4)网上与地面结合饲养鸡舍 该鸡舍四壁与舍顶结构均可采用本地区的民用建筑形式,但在跨度上要根据所选用的设备而定。鸡舍分为地面和网上两部分。地面部分垫厚垫料,网上部分为板条棚架结构。板条棚架结构床面与垫料地面之比通常为6∶4或2∶1,舍内布局主要采用“两高一低”或“两低一高”。这种鸡舍较网养鸡舍投资少,既有网上优点,又克服了网上饲养受精率低的缺点,还可以采用机械清粪(图4),降低了劳动强度。其缺点是饲养密度低一些。

图4 清粪机

(5)开放式鸡舍 这种鸡舍只有简易顶棚,四壁无墙或有矮墙,冬季用尼龙薄膜围高保暖;或两侧有墙,南面无墙,北墙上开窗。其优点是鸡舍造价低,炎热季节通风好,通风和照明费用省。缺点是占地多,鸡群生产性能受外界环境影响较大,疾病传播机会多。

(6)半开放式鸡舍 这种鸡舍有窗户,全部或大部分靠自然通风、采光,舍温随季节变化而升降,冬季晚上用稻草帘遮上敞开面,以保持鸡舍温度,白天把帘卷起来采光采暖。其优点是鸡舍造价低,设备投资少,照明耗电少,鸡只体质强壮。缺点是占地多,饲养密度低,防疫较困难,外界环境因素对鸡群影响较大，肉种鸡产蛋率波动大。

(7)密闭式鸡舍　密闭式鸡舍一般是用隔热性能好的材料构造房顶和四壁，不设窗户，只有带拐弯的进气孔和排气孔，舍内小气候通过各种调节设备控制。这种鸡舍的优点是减少了外界气候对鸡群的影响，有利于采取先进的饲养管理技术和防疫措施。缺点是投资高，要求较高的建筑标准和性能良好而稳定的附属设备；耗费电力较多，而且一定要有稳定而可靠的电力供应。

6. 鸡舍朝向及间距应注意哪些方面？

(1)鸡舍的朝向　鸡场的朝向是指鸡舍的长轴与地球经线是水平还是垂直。鸡场朝向的选择应根据当地的气候条件、地理位置、鸡舍的采光及温度、通风、排污等情况确定。

①光照：因为舍内的光依靠太阳，舍内的温度受太阳辐射的影响，必须了解当地的太阳角高度。冬季要利用太阳的辐射，夏季要避免辐射，我国地处北纬 20°～50°，各地太阳高度角因纬度和季节的不同而变化。我国地处北半球，鸡舍朝南，冬季日光斜射，可以充分利用太阳辐射的温热效应和射入舍内的阳光，以利于鸡舍的防寒保温。夏季日光直射，太阳高度角大，阳光直射舍内很少，以利于防暑降温。

②通风：与气流的均匀性和通风的大小有关，但主要看进入鸡舍内的风向角度多大。若风向角度为 0°，则进入鸡舍内的风为“穿堂风”。在冬季，鸡体直接受寒风的侵袭，舍内有滞留区存在，不利于排除污浊的空气；在夏季，不利于自然的通风降温。若风向角为 90°，即风向与鸡舍的长轴平行，通风动力差，风不能进入鸡舍，通风量等于 0，通风效果差。只有在风向角为 45°时，室内的滞留区最小，通风效果也最好。我国

绝大部分地区太阳高度角冬季低、夏季高，且我国夏季盛行东南风，冬季多东北风或西北风，南向鸡舍均较适宜，朝南偏西15°～30°也可以。

另外，在确定鸡舍朝向时还应考虑排污效果，当风向角为90°时，即鸡舍与主导风向平行，则场区的排污效果最佳，一般取与主导风向成30°～60°角，避免0°的风向入射角。

(2)鸡舍的间距 鸡舍间距指鸡舍与鸡舍之间的距离，是鸡场总的平面布置的一项重要内容，它关系着鸡场的防疫、排污、防火和占地面积，直接影响到鸡场的经济效益，因此应给予足够的重视。应从防疫、防火、排污及节约占地面积综合考虑。

①防疫要求：首先应了解最为不利的间距，即当风向与鸡舍长轴垂直时背风面旋涡范围最大的间距。一般鸡舍的间距是鸡舍高度的3～5倍时，即能满足要求。试验表明，背风面旋涡区的长度与鸡舍高度之比为5∶1，因此，一般开放型鸡舍的间距是高度的5倍。而当主导风向入射角为30°～60°时旋涡长度缩小为鸡舍高度的3倍左右，这样的间距对鸡舍的防疫和通风更为有利。对于密闭式鸡舍，由于采用人工通风和换气，鸡舍间距达到3倍高度即可满足防疫要求。

②防火要求：为消除火灾隐患，防止发生事故，按照国家的规定，民用建筑采用15米的间距，鸡舍多为砖混结构，故不用最大的防火间距，采用10米左右即能满足防疫和防火间距的要求。

③排污要求：排污间距一般为鸡舍高度的2倍，按民用建筑的日照间距要求，鸡舍间距应为鸡舍高度的1.5～2倍。鸡场的排污需要借助自然风，当鸡舍长轴与主导风向夹角为30°～60°时，用1.3～1.5倍的鸡舍间距也可以满足排污的要

求。综合几种因素的考虑,可以利用主导风向和鸡舍长轴所形成的夹角,适当缩小鸡舍的间距,从而节约占地。

④在确定鸡舍间距时,不仅要注意防疫、排污、防火等问题,还应节约占地:我国的大部分地区,土地资源并不十分丰富,尤其是在农区和城郊建场,节约用地问题就更加重要。进行养鸡场的总体布置时,需要根据当地的土地资源及其利用情况而定。

7. 鸡运动场设置应考虑哪些方面?

鸡的运动场大小至少要比舍内面积大1倍以上,设置运动场的主要目的是让鸡增加运动和晒太阳,这样有利于鸡的新陈代谢,增强鸡的体质,保持舍内卫生和清扫方便。

运动场应设置在背风向阳的地方。由鸡舍向外要有一定的坡度。地面要平整,以便于雨后及时排除污水,保持场内干燥。运动场周围要用竹篱、铁丝网或尼龙网(网眼约3厘米)围成1.8～2米的围栏,以防鸡只飞出或往外钻。在运动场的一角设1个1米^{2}左右的沙池,供鸡沙浴,以清除鸡体外寄生虫。在运动场的西侧及南侧应设置遮阴棚或种植树木,以减少夏季烈日暴晒。运动场围栏外应设排水沟,以保持运动场的经常干燥。鸡舍周围的地面尽量不使土壤裸露,特别是沙土与混凝土地面,在灼热的阳光下反射热更多,因此地面最好种植草皮,以降低反射热。鸡舍周围有草有树,蒸发大量的水蒸气将会起到降低温度、湿润空气、减少尘埃等作用。

8. 在鸡舍建筑方面有什么要求?

(1)隔热性能好 不论何种鸡舍,应该有隔热性能良好的屋顶和墙壁,尤其是屋顶。否则,冬季保暖性能差,大量的热能都散发出去，鸡舍的温度下降很快；夏季隔热性能差，大量的日照热和地面的反射热穿透墙壁进入鸡舍，造成鸡舍内温度过高。

(2)采光和通风要充足　要保证鸡舍内要有适宜的光照、良好的空气环境。

(3)鸡舍的使用面积和舍内容量符合设计要求　饲养间与工作间的比例以及门、窗、进气孔的开放程度与口径的大小、通道的位置、宽度等均应该适当。

(4)便于防疫　鸡群全部转出后，可以进行彻底地冲洗和消毒。

(5)经济　要求鸡舍造价低廉，折旧费低。

9. 养殖场内的道路应该如何规划？

场内的道路应尽可能短而直，以缩短运输路线；主干道路因与场外运输路线连接，其宽度应能保持顺利错车，为5.5～6.5米。支干道与畜舍、饲料库、产品库、贮粪场等连接，宽度为2～3.5米；生产区的道路应区分为运送产品、饲料的净道和转群、运送污粪、病鸡、死鸡的污道。从卫生防疫角度，要求净道和污道不能交叉或混用；路面要坚实，并做成中间高两边低的弧度，以利于排水；道路两侧应设排水明沟，并应植树。

10. 鸡舍道路如何保障净、污道不交叉？

场内道路应该净污分道，互不交叉，出入口分开，净道的功能是运输饲料和肉蛋品，污道的功能是运送病死鸡、粪便和废弃设备的专用通道，为了保证净道不受污染，在布置道路时可以按梳状布置，道路末端只通鸡舍，不再延伸，更不可以与污道相通，净道与污道之间可以草坪、池塘或者林木带相隔。

道路的宽度可以采用蛋车道宽，但考虑交会，可以加宽或在其端头设置回车场，最好用混凝土或沥青地面。

11. 鸡场环境监测的基本内容有哪些？

环境监测的基本内容由监测的目的以及饲养环境的质量标准来确定，应选择在所监测的环境领域中最为重要的有代表性的指标进行监测。根据鸡群对环境质量的要求所制定的环境卫生标准，是在保障鸡群的健康和正常水平的前提下，而确定的各种污染物在环境中的允许水平。它包括两个方面：①鸡群所必需的某些因素的“最低需要量”。②对鸡只有害的某些因素的“最高承受量”；有毒物质则用“最高允许浓度”来表示。其卫生原则，一是无传播传染病的可能，即无病原微生物及寄生虫卵等；二是从各项成分上看，不会引起中毒病症；三是要求无特殊臭味，感官性状良好，并尽可能不受有机物的污染。对鸡场来说，检测内容主要是：①对鸡舍、水源、土壤、空气、饲料等进行检测。②对所排放的污水、废弃物及鸡产品进行监测，以免鸡场环境污染影响人体健康。

12. 鸡场环境监测的内容及其方法有哪些？

(1)空气环境的监测　空气环境监测的内容包括温热环境（气温、气湿、气流及鸡舍的通风换气量）、光环境（光照强度、光照时间及鸡舍采光系数）、空气卫生指标（主要为有害气体氨气、硫化氢、二氧化碳等）。监测方法有如下几种：

①经常性监测：即长年固定监测点设置仪器，供管理人员随时监测。旨在随时了解鸡场环境基本因子状况，及时掌握其变化情况，以便及时调整管理措施。如在鸡舍内设置干湿球温度表，随时观察鸡舍的空气温度和湿度。

②定期检测：可在一年四季各进行1次定期、定员监测，以观察大气的季节性变化，每次至少连续监测5天，每天采样3次以上，采样点应具有代表性。畜舍内有害气体的监测，可根据大气污染状况监测结果并结合饲养管理情况，在不同季节、不同气候条件下测定。

③临时性监测：即当环境出现突然的异常变化时，为了掌握变化和对鸡舍环境的影响程度所进行的监测。如当寒流、热浪突然袭击时，当呼吸道疾病发病率升高或大规模清粪时一般需要进行临时性监测，以掌握环境变化程度和特点。

(2)水质状况检测 水质监测包括鸡场水源的监测和对鸡场周围水体污染状况的监测。水源水质监测项目包括感官性状和一般化学指标、微生物指标、毒理指标、放射性指标四个方面，共35个项目。水质监测方法可根据水源种类等具体情况决定。如畜牧场水源为深层地下水，因其水质较稳定，1年测1～2次即可，如是河流等地面水，每季或每月定时监测1次。此外，在枯水期和丰水期也应调查测定。为了解污染的连续变化情况，则有必要连续测定。

(3)土壤环境的检测 土壤监测主要项目应包括对土壤生物和农产品有害的化学物质的监测，包括氟化物、硫化物、有机农药、酚、氰化物、汞、砷及六价铬等。由于鸡场废弃物对土壤的污染主要是有机物和病原体的污染，所以就鸡场本身的污染而言，主要监测项目为土壤肥力指标（有机质、氮、磷及砷等）和卫生指标（大肠杆菌数和蛔虫卵等）。

13. 鸡场环境温度对肉鸡生产有什么影响？

(1)对肉鸡行为的影响 环境温度对肉鸡的影响主要表现在采食量、饮水量、水分排出量的变化。随温度的升高采食量减少、饮水量增加,产粪量减少,呼吸产出的水分增加,造成总的排出水量大幅度增加。排出过多的水分会增加鸡舍的湿度,肉鸡感觉更热。

(2)对肉鸡生产性能的影响 刚孵化出的雏鸡一般需要较高的环境温度,但是在高温和低湿度时也容易脱水。雏舍内的温度是否合适,可以通过雏鸡的表现来判断。温度过高,雏禽会远离热源,张嘴呼吸,垂翅;温度过低,雏鸡会在靠近热源的地方扎堆、尖叫;温度合适,雏鸡表现安详、均匀分布。对生长肉鸡来说,适宜温度范围(13℃~25℃)对其能够达到理想生产指标很重要,生长肉鸡在超出或低于这个温度范围时饲料转化率降低。相对而言,冷应激对肉鸡的影响较少。成年鸡可以抵抗0℃以下的低温,但是饲料转化率降低。

14. 要保证鸡舍有适宜的温度环境,应该采取哪些措施?

我国由于受东亚季风气候的影响,夏季南方、北方普遍炎热、冬季气温低,持续期长,对鸡只的健康和生产极为不利。因而,解决夏季防暑降温和冬季保暖问题,对于提高鸡群的生产水平具有重要意义。

(1)鸡舍结构 在高温季节,导致舍内过热的原因是,一方面大气温度高、太阳辐射强烈、鸡舍外部大量的热量进入鸡舍内;另一方面,鸡自身产热量通过空气对流和辐射散失量减少,热量在鸡舍内大量积累。因此,通过加强屋顶、墙壁等外围护结构的隔热设计,采用建筑防暑与绿化可以有效地防止或减弱太阳辐射和高气温综合效应所引起的舍内温度升高。另外,在寒冷冬季还要确保鸡舍的隔热性能良好。

(2)降温供暖设备的选型 盛夏季节,由于舍内外温差很小，通风的降温作用很小，甚至起不到降温作用。在严寒冬季，仅靠建筑保温难以保障鸡舍要求的适宜温度。因而，在夏、冬季应分别采用适宜降温设备和供暖设备。常见的降温设备有喷雾降温设备、湿帘降温设备及水冷式空气冷却器。常见的供暖设备有热风炉式空气加热器、暖风机式空气加热器、太阳能式空气加热器、电热保温伞、电热地板、红外线灯保温伞、热水加热地板及电热育雏笼。

(3)防暑与防寒的管理措施 在炎热季节，除了组织好鸡舍的通风外，可减少单位面积的存栏数，提供足够的饮水器和尽可能凉的饮水。严寒冬季，可通过增加饲养密度、除湿防潮、利用垫草垫料及加强鸡舍的维修保养等来实现鸡舍防寒保温的功能。

15. 在养鸡生产中，调控温度的设备有哪些？

(1)鸡舍降温设备 ①低压喷雾系统。喷嘴安装在舍内或笼内鸡的上方，以常规压力喷雾。②湿垫－风机系统。进入鸡舍的空气必须经过湿垫，由于湿垫的蒸发吸热，使得进入舍内的空气温度下降。③喷雾－风机系统。这与湿垫－风机系统相似，所不同的是进风须经过带有高压喷嘴的风罩，当空气经过时，温度就会下降。④高压喷雾系统。特制的喷头可以将水由液态转为气态，这种变化过程具有极强的冷却作用。它是由泵组、水箱、过滤器、输水管、喷头组件、固定架等组成，雾滴直径在 80～100 微米。

(2)鸡舍供暖设备

①暖风机供暖：系统的组成主要由进风道、热交换器、轴流风机、混合箱、供热恒温控制装置、主风道组成。通过热交换器的通风供暖方式，是到目前为止效果最好的，它一方面使舍内

温度均匀，空气清新；另一方面效益也较好，节能效果显著。

②热风式通风供暖：系统主要由热风炉、轴流风机、有孔塑料管、调节风门等组成。热风炉是供暖设备系统的主体设备，它是以空气为介质，以煤为燃料的手动式固定火床炉，它为供暖空间提供洁净热空气。该设备结构简单，热效率高，送热快，成本低。

③其他加热设备：控温育雏伞加热器为电阻丝或热效率高的远红外管，控温器采用印刷线路，体积小，避免虚焊，因而稳定可靠。燃气加热器：在国外主要是靠煤气和天然气加热，比较清洁卫生。目前，太阳能加热、烘干等技术在其他领域的研究很广泛，也很深入，应用到畜牧业生产中来，具有广阔的前景。

16. 从哪些方面来保障鸡舍有适宜的湿度环境？

湿度对鸡群的影响只有在高温或低温情况下才明显，在适宜温度下无大的影响。高温时，鸡主要通过蒸发散热，如果湿度较大，会阻碍蒸发散热，造成高温应激。低温高湿环境下，鸡失热较多，采食量加大，饲料消耗增加，严寒时会降低生产性能。低湿容易引起雏鸡脱水反应，羽毛生长不良。鸡只适宜的空气相对湿度为60％～65％。在多雨潮湿地区，要保持舍内空气干燥是困难的，只有在建筑和管理等各方面采取综合措施，才能使空气的湿度状况有所改善。

(1)当舍内湿度过低时，可采取的措施 ①人工加湿。对鸡舍的整个空间喷雾，同时可按带鸡消毒的比例向水中加消毒剂，不要一次将鸡舍喷得过湿，应采用少量、多次的方法向舍内喷雾(图 5)。②调整通风。通过对鸡舍进行多次实地观察，找出合理的通风量，确定适宜的通风时间，在保证鸡舍内空气清新的前提下，尽量减少通风时间，避免因过量通风而造成舍内水汽大量流失。

图 5　喷雾设备

(2)防止鸡舍空气湿度过大的基本措施　①鸡场场址应选择在高燥、排水良好的地区。②为防止土壤水分沿墙上升，在墙身和墙脚交界处设防潮层。③坚持定期检查和维护供水系统，确保供水系统不漏水，并尽量减少管理用水。④及时清除粪尿和污水。⑤加强鸡舍外围护结构的隔热保暖设计，冬季应注意鸡舍保温，防止气温降至露点温度以下。⑥保持正常的通风换气，并及时排除潮湿空气。⑦使用干燥垫料，以吸收地面和空气中的水分。

17. 在鸡舍的通风方面有哪些要求?

鸡舍的饲养密度过大，鸡群每天产生大量的废气和有害气体。为了排除水分和有害气体，补充氧气，并保持适宜温度，必须使鸡舍内的空气流通。

(1)高温条件下通风的要求　在高温环境中，增大气流，有利于鸡群生产和健康。因此，在夏季高温季节，一般都增大鸡舍的通风量，可利用门窗关闭或打开，调节自然通风，也可通过调节鸡舍通风管，增大通风面积，还可以安装风机机械通风。集约化的鸡场，由于鸡群饲养密度大，产热量大，夏季鸡舍温度和湿度大，自然通风难以满足要求，需科学设计、安装风机，进行机械通风。夏季通风要求气流速度不低于1米/秒，气流最好不要直吹鸡体。

(2)低温条件下通风的要求 在低温环境中，增大风速，不利于鸡群的生产和健康。因此，在环境温度低时，在保障排除鸡舍内空气有害气体和多余水分前提下，尽可能减少通风量，关闭门窗，减小风机运转速度。但在低温环境中，需保持适当的通风量，以排除鸡舍空气中的水分和有害气体。在控制气流时，一方面要注意风力大小适宜，满足生产需求；另一方面气流分布要均匀，不留死角，以免局部地区空气污浊。此外，还要避免贼风对鸡群的危害。

18. 养鸡生产中，常见的通风换气设备有哪些？

鸡舍的通风换气按照通风的动力可以分为自然通风、机械通风和混合通风3种，机械通风主要依赖于各种形式的风机设备和进风装置。

(1)常用风机类型 ①轴流式风机。这种风机所吸入和送出的空气流向与风机叶片轴的方向平行。其特点是：叶片旋转方向可以逆转，旋转方向改变，气流方向随之改变，而通风量不减少，轴流风机可以设计为尺寸不同、风量不同的多种型号，并可在鸡舍的任何地方安装。②离心式风机。这种风机运转时，气流靠叶片的工作轮运转时所形成的离心力驱动，故空气出入风机时和叶片轴平行，离开风机时变成垂直方向，这个特点使其自然的适应通风管道 90°的转弯。③吊扇和圆周扇。吊扇和圆周扇置于顶棚或内侧墙壁上，将空气直接吹向鸡群，从而在鸡的附近添加气流速度，促进蒸发散热。圆周扇和吊扇一般作为自然通风鸡舍的辅助设备，安装位置与数量要视鸡舍情况而定。

(2)进气装置 进气口的位置和进气装置，可影响舍内气流速度、进气量和气体在鸡舍内的循环方式，进气装置有以下几种形式：①窗式导风板。这种导风装置一般安装在侧墙上，与窗户相通，故称“窗式导风板”，根据舍内鸡的日龄、体重和外界环境温度，调节导风板的角度。②顶式导风装置。这种装置常安装在舍内顶棚上，通过调节导风板来控制舍内外空气流量。③循环用换气装置。该装置是用来排气的循环换气装置，当舍内温暖空气往上流动时，根据季节的不同，上部的风量控制阀开启程度不同，这样排出气体量和回流气体量亦随之改变，由排出气体量和回流气体量的比例的不同，调节舍内空气环境质量。

19. 鸡场内的噪声来源有哪些？应该采取哪些措施对噪声进行控制？

(1)来源 一是外界环境传入，如交通车辆、拖拉机等的运行和喇叭、喷气式飞机的轰鸣和周围工厂的机械运行等。普通汽车的声音在 80～90 分贝，载重汽车可达 90 分贝以上；二是畜舍内的机械运行，包括风机、喂料机、清粪机、真空泵和集蛋机等；三是家畜自身的嘶鸣、争斗、采食和运动等。但这部分强度为 50～60 分贝，对鸡群并无重大影响。

(2)防控措施 ①选好场址，尽量避免外界干扰。鸡场一般不建在机场、大型工厂、主要交通道路附近。②合理规划鸡场,使汽车、拖拉机等不能靠近鸡舍,还可以利用地形做隔声屏障,降低噪声。③鸡场内应选择性能优良、噪声小的机械设备,安装机械设备时,应注意消声隔音。④鸡场及鸡舍周围应大量植树,可降低外来的噪声。

20. 光照对鸡的作用有哪些?

(1)光照对雏鸡和肉鸡的作用 对于雏鸡和肉仔鸡来说,光照的主要作用是使它们能熟悉周围的环境,正常地饮水和采食。为了增加肉仔鸡的采食时间,提高增重速度,通常采用每天 23 小时光照、1 小时黑暗的光照制度或间歇光照制度。

(2)光照对育成鸡的作用 通过合理的光照控制鸡的性成熟时间。光照减少,延迟性成熟,使鸡在性成熟时达标,提高产蛋潜力;增加光照,缩短性成熟时间,使鸡性成熟时达标。

(3)光照对母鸡的作用 增加光照并维持相当长度的光照时间(15 小时以上),促使母鸡正常排卵和产蛋,并且使母鸡获得足够的采食、饮水、活动和休息时间,提高生产效率。

(4)光照对公鸡的作用 20 周龄以后,每天 15 小时左右的光照,有利于精子的产生,增加精液量。

(5)红外线的作用 红外线的生物学作用是产生热效应。用红外线照射雏禽有助于防寒,提高成活率,促进生长发育。

(6)紫外线的作用 紫外线照射家禽皮肤,可使皮肤中的7-脱氢胆固醇转化成为维生素 D_3,从而调节鸡体的钙、磷代谢,提高生产性能。紫外线有杀菌能力,可用于空气、物体表面的消毒及组织表面感染的治疗。

21. 光照颜色对鸡的影响有哪些?

不同的光照颜色对鸡的行为和生产性能有不同的影响。

(1)对行为的影响 红光对鸡有镇静作用,减轻或制止鸡的啄癖、争斗,减少鸡活动量和采食时间。因而,实际生产中,在夜间或无窗鸡舍内捕鸡时,用红光照射,鸡不能迅速移动,很易捕捉。

(2)对繁殖的影响 红光可延迟鸡的性成熟,使产蛋量增加,蛋的受精率下降。

(3)对产蛋的影响 绿光、蓝光和黄光可使产蛋量下降,蛋型变大。

(4)对生长育肥和饲料利用率的影响 红光、绿光、蓝光、黄光可促进鸡的生长,降低饲料的转化率,使鸡增重快,成熟早。光色对鸡的影响如表1所示。

表1 光色对鸡的影响

	红色	橙色	黄色	绿色	蓝色
促进生长				√	√
降低饲料消耗率			√	√	
缩短性成熟时间				√	√
延长性成熟时间	√	√	√		
较少不良行为	√				
增加产蛋量	√	√			
减少产蛋量			√		
增加蛋重			√		
提高种蛋受精率				√	√
提高精液质量	√				

22. 为什么要控制光照的强度？不同时期对光照强度有何需求？

调节光照强度的目的是控制鸡的活动性。因此，鸡舍的光照强度要根据鸡的视觉和生理需要而定，过强、过弱都会带来不良的后果。光照太强不仅浪费电能，而且鸡显得神经质，易惊群，活动量大，消耗能量，易发生争斗和啄癖。光照太弱，影响采食和饮水，起不到刺激作用，影响产蛋量。表 2 列出了雏鸡、育雏育成鸡、肉种鸡需要的光照强度。

表 2　鸡对光照强度的需求

项　目	年　龄	光源功率（瓦/米^2）	光照强度（勒）		
			最　佳	最　大	最　小
雏　鸡	1～7 日龄	4～5	20	—	10
育雏育成鸡	2～20 周龄	2	5	10	2
肉种鸡	30 周龄以上	5～6	30	30	10

23. 在肉鸡生产中所采用的光照制度有哪些？

(1)恒定光照制度　恒定光照制度是培育小母鸡的一种光照制度，即自出雏后第二天起直到开产时为止（肉鸡 22 周龄），每日用恒定的 8 小时光照；从开产之日起光照骤增至 13 小时/日，以后每周延长 1 小时，达到 15～17 小时/日后，保持恒定。

(2)递增光照制度（渐减渐增光照制度）　递减光照制度是利用有窗鸡舍培育小母鸡的一种光照制度。先预计自雏鸡出壳至开产时（肉鸡 22 周龄）的每日自然光照时数，加上 7 小时，即为出壳后第三天的光照时数，以后每周光照时间适当递减，到开产时恰为当时的自然光照时数，此后每周增加 1 小时，直到光照时数达到 15～17 小时/日后，保持恒定。

(3)间歇光照制度 间歇光照制度是用无窗鸡舍饲养肉用仔鸡的一种光照制度。即把一天分为若干个光周期，如光照与黑暗交替时数之比为 1∶3 或 0.5∶2.5 或 0.25∶1.75 等。较常用的为 1∶3，光照期让鸡采食和饮水，黑暗期让鸡休息。这种光照制度有利于提高肉鸡采食量、日增重、饲料转化率和节约电力，但料槽、饮水器的数量需要增加 50%。

(4)持续光照制度 持续光照制度是在肉用仔鸡生产中采用的一种光照制度，在雏鸡出壳后数天(2～5 天)光照时间为 24 小时/日，此后每日黑暗 1 小时，光照 23 小时，直至肥育期结束。

24. 在制定光照制度时必须遵循的原则有哪些?

第一，育雏期前几天或转群后几天，应保持较长时间的光照，以便雏禽熟悉环境，及时喝水和吃料，然后光照时间逐渐减少到最低水平。

第二，育成期光照应保持恒定或逐渐减少，切勿增加，以免造成光照刺激，使母禽早熟。

第三，产蛋期光照时间逐渐增加到一定小时数后保持恒定，切勿减少。

25. 鸡舍中补充光照所采用的人工光源有哪些? 光照自动控制器有什么优点?

人工光照指用人工控制提供照明，一般有电灯(白炽灯、荧光灯)、煤油灯、汽油灯等。在生产上，鸡舍大多采用白炽灯和荧光灯。这两种灯的波长都在500～625纳米，它包括了红色、橙色、黄色、绿色等各种波长的光，它很像一种混合白光，所以这两种光源都适用于鸡的照明。白炽灯和荧光灯相比，产热多、效率低、耗电量大，但是价格便宜、经久耐用而且容易启动，从长远看，荧光灯是要替代白炽灯的。经中国农业大学的有关专家通过试验证明，将鸡舍长期使用的白炽灯、日光灯改为自整流荧光灯（节能灯），再辅以其他措施，可节省电能75%～80%，且对鸡的生产性能无显著影响。节能灯是由电子激发荧光粉而发光，光色在短时间内很难达到均衡，再加上养鸡企业长期使用白炽灯照明，改变光源对蛋鸡非常敏感。为避免新灯在使用的前100小时内对鸡造成应激，在节能灯电路上采用缓冲式启动，使灯在开启后2～3秒内逐渐亮起来；同时，采用预温芯管灯丝，大大减少因电极电流的冲击对节能灯灯管造成的损坏。

光照自动控制器有石英钟机械控制和电子控制两种，它们的主要特点是：①开关时间可以任意设定，控时准确。②光照强度可以调整，光照时间内日光强度不足，光照系统自动补充。③灯光渐亮和渐暗。④停电程序不乱。

26. 从哪些方面做好饲养场各项卫生管理工作？

(1)制定完善的防疫机构和制度，确保养殖场生产环境卫生状况良好 鸡舍应及时清扫，洗刷；应及时清除粪便和排出污水；应加强通风换气，保持良好的空气卫生状况；应保持地面、墙壁、舍内设施及用具的清洁卫生；确保人、鸡饮水卫生；应定期对养殖场环境、鸡舍及用具消毒；应对粪便和污水进行无害化处理；妥善处理死鸡尸体及其他废弃物，防止疾病传播。

(2)防止人员和车辆流动传播疾病 养殖场应谢绝外来人员参观，尽量减少外来人员进入生产区；必须进入养殖场的外来人员只有按照养殖场卫生防疫要求，经严格消毒、换衣换帽后才可进入生产区。场内工作人员必须严格遵守各项卫生工作制度，每次进入生产区前，必须在生产区更衣室更换经过消毒过的工作服、帽和鞋。工作人员在上班期间不可串岗、串舍。工作人员必须进入其他生产小区或鸡舍时，进出均须消毒。场内领导和技术人员因工作需要进入各生产区时，应按雏鸡、种鸡、生产区的顺序进行，并应在进入各小区或鸡舍前更衣、消毒。生产区内专用的工作服严禁穿、带出区外。进入生产区的各类人员均不可将与生产无关的物品，尤其是各类动物性食品带入生产区。

(3)严防饲料霉变或掺入有毒有害物质 应认真做好饲料质量监控工作，确保饲料质量安全、可靠、符合卫生标准。严格检验饲料原料，防止被农药、工业三废和病原微生物等污染的原料以及有毒原料和霉变原料进入生产过程；应做好饲料的贮藏和运输工作，确保饲料不发生霉变和不混入有毒有害物质。

(4)做好鸡的防寒防暑工作 环境过冷或过热，都可对鸡群健康产生危害，直接或间接诱发多种疾病。做好鸡舍冬季防寒工作和夏季防暑工作，对于提高鸡体抵抗力，减少疾病发生具有重要意义。

27. 肉鸡生产中应在哪些方面避免对环境的污染？

要降低和控制养鸡生产对环境的污染，必须在解决认识的基础上，对生产过程的各个环节中的污染问题进行综合治理。

(1)鸡舍舍址选择要科学 鸡舍应建在交通相对便利的地方,但也不能离公路太近,并且能在很好地解决自用水的情况下,尽可能将养鸡场建在远离城市、工矿区和人口密集的地方。在农、林、牧结合的情况下,考虑养鸡场的规模、数量,粪便和污水的排放和良性循环利用情况。

(2)研制推广环保饲料 据研究表明,畜禽粪便、圈舍内排泄污物、废弃物及有害气体等,均与畜禽日粮的组成成分有关。如果将鸡的日粮中蛋白质减少2%,粪便排氮量可减少20%,粪污的恶臭主要是蛋白质的腐败所产生,如果提高日粮的蛋白质消化率或减少蛋白质供给量,那么恶臭气物质的产生也会大大减少。

(3)合理利用饲料添加剂 例如,在饲料中添加酶制剂、酸制剂、抗生素、微生物制剂等,能更好地维持肠道菌群平衡,提高有机物消化率。

(4)提高饲养管理技术水平 肉鸡的耗料增重比世界先进水平为1.6∶1,我国只有2～2.2∶1。由此可以看出,我国养鸡业中鸡群食入的饲料由于大量未经消化吸收即排出体外,既浪费了资源,又污染了环境。因此,大力提高饲养管理技术水平也是治理环境污染的重要措施。

28. 为什么要在鸡场内、外绿化?

鸡场绿化不仅可以美化环境,改善鸡场的自然面貌,而且对鸡场的环境保护,促进安全生产,提高生产经济效益有着明显的作用,具体表现在:

(1)改善鸡场小气候 夏季,由于树叶及其他植物叶片表面水分的蒸发、光合和遮阴等作用,大量吸收太阳辐射热,从而降低了空气的透明度，也减弱了日辐射光能。树冠可遮挡50%～90%的太阳辐射热，草地遮挡80%，使树下地皮上方的温度降低2℃～3℃。在冬季，由于树木枝叶的阻挡和摩擦，可以降低气流速度，缓和恶劣气流对鸡舍的袭击；另一方面，由于树木的生命活动持续进行，还向周围散发一定的热量，使场内气候较为温和。

(2)净化空气，保护环境 由于鸡群的呼吸作用和废弃物的发酵腐败，鸡舍不断散发出二氧化碳、氨气和硫化氢气体。绿色植物可以利用太阳能进行光合作用，吸收二氧化碳，放出氧气，使鸡舍周围空气清新干净。在气流和风压作用下，新鲜空气进入鸡舍，有助于鸡群健康。

(3)洗尘灭菌 自然界中大量的细菌是吸附在尘埃中的，鸡舍排出的粉尘也携带着大量的毛屑和其他污染源。由于树木和草地的阻挡，降低了局部地段的风速，使尘埃降落到地面，遇雨水冲洗到土壤中，加之草皮对粉尘污物的吸附、过滤、降落，经雨水淋洗，不断被清除，从而减少了空气中细菌和污染源的含量。

(4)增强防火效果 树木树叶蒸发水分及树叶间层含有大量的水汽，可以提高树木草地环境的湿度，如杨树林夏季每天每公顷蒸腾57吨以上的水。由于湿度的增加和林带减弱风势，大大有助于防火效能的增强。

(5)减弱噪声 阔叶树木树冠能吸收26%的音能，夏季树叶茂密时可降低7～9分贝，秋季可降低3～4分贝。

(6)其他作用 植物能够通过根系吸收的水分和土壤溶解的有害物质净化水质和土壤。由于植物的净化空气，消毒灭菌，防火等作用，可以缩短鸡场分布间隔，从而节约鸡场建筑用地。鸡场绿化选用经济价值高的植物，可以使鸡场增加效益。此外，场内各种树木、花草点缀其间，构成优雅的环境，使人心旷神怡，有助于身心健康，提高工作效率。

29. 鸡场的绿化形式有哪些？

场内绿化布置要与场内建筑布局统一规划，在鸡场外墙周围、鸡舍周围及道路两旁、场前区或行政管理区，种植不同的树木和花草。鸡场的绿化形式有下列几种：

（1）防护林带　种植防护林带的目的是降低场区风速，防止风沙对鸡场区鸡舍的侵袭。它有主、副林带之分，主林带位于场区迎冬季主风边缘地带，副林带多配置在非主林带地段的其他三方向边缘地段。主林带种以枝条较稠密的树种和不落叶的树种，如槐树、柳树、柏树和松树等。副林带的行数较少，修剪时树冠要比主林带高些，其他方面与主林带相同。

（2）隔离绿化　鸡场各分区之间和沿鸡场四周围墙，要设置隔离的绿化设施，可种植带有针刺的树木，起到篱笆作用。要尽可能密植，以防止人和畜兽进入。防疫沟水面放养水生植物，也可种植其他水生植物，如莲藕、慈姑、茭白等。

（3）遮阳植物　散养鸡舍运动场四周，笼养和网养鸡舍间距，均需要种植树木花草，尽量给以完善的绿色覆盖。枣树、核桃树、柿子树等的枝条长，通风好。在修剪时，树冠要高出房檐，既要注意通风排污，又要注意遮阴效果。

（4）行道树　在道路两旁植树，以遮阳、洗尘为主要目的，同时也应注意通风排污的效果。植树品种与道路、风向有关，道路与风向平行宜种植槐树、柳树等；道路与风向垂直宜种植杨树、梧桐、合欢等。在较小的人行道要种植冬青。树木种植时，要注意树木与建筑物的水平距离，以免树根破坏建筑物基础或影响通风排污效果。

30. 肉鸡场散发恶臭的主要物质有哪些？我们应采取怎样的措施来减少鸡场的恶臭物质？

(1)散发恶臭的物质　主要是氨和胺类含氮化合物、硫化氢和硫醇等含硫化合物及醛类、酮类、脂肪酸类、不饱和烃类等。不同化合物具有不同的恶臭，如甲硫醇有烂葱臭，硫化氢为腐蛋臭，三甲胺则产生鱼腥臭。恶臭刺激嗅觉神经与三叉神经，能影响人、畜的呼吸功能，刺激性臭气会使血压及脉搏发生变化，有些恶臭物质如硫化氢、氨等，还具有强烈的毒性，当其含量达到一定浓度时，能使人、畜中毒。

(2)减少恶臭物质的方法

①加强粪便管理，减少臭气的产生和扩散。如及时处理粪便，减少粪便的贮存时间；在贮粪场和污水池搭建遮雨棚，粪便贮存场地势应高出地面30厘米，以防止积水浸泡粪便或粪便淋洗流失；在粪堆表面覆盖草泥、锯末、稻草、塑料薄膜等，可以减少粪便分解产生的臭气挥发；在粪便中搅拌吸附性强的材料如锯末、稻草等，可有效减少臭气的产生；在干燥粪便过程中，产生的臭气可通过通风机抽出，通过专门管道运输到脱臭槽，或使臭气通过浸润的吸附强的材料层脱臭；在粪便中加入适量的除臭剂，可有效地减少臭气产生。

②采取营养调控措施，提高饲料养分利用率，消除恶臭的来源。

③采用先进的生产工艺和生产技术，减少恶臭气体的产生。如对易产生恶臭的畜舍、粪池、废弃物贮存场等进行合理规划与布局；重视畜粪、污水的处理与应用；进行场区绿化，利用植物吸收空气中的有害气体和恶臭；正确而及时地处理畜禽尸体等。

31. 对于鸡场的垃圾及废弃物应该怎样处理?

随着规模化养鸡的发展,鸡场废弃物的数量也急剧增加,主要有:鸡粪、鸡场污水、鸡的尸体、孵化废弃物及废弃的垫料等。以上这些废弃物若未经处理或处理不当,则易对环境造成污染。但如果经无害化处理并加以合理利用,则可变废为宝。

(1)鸡粪的处理

①农田淌灌:鸡的粪水通过农田水渠会同灌溉水流入农田淌灌。淌灌时,水中的粪便有机物通过物理沉淀,土壤吸附,微生物分解及作物根系吸收等综合作用,被降解和利用。鸡的粪水在淌灌前必须预先熟化,防止禽粪水中的寄生虫卵及病原引入农田。该方法具有投资少、运转费用低及操作简便等优点。

②直接施肥农田:如果鸡粪无地方堆放,鸡场附近有足够的农田,而且有适用的机具,可将鸡粪均匀施撒在农田中,防止粪臭大量散发,不失为一种简便经济的方法。

③堆肥:利用好气微生物,控制好其活动的各种环境条件,设法使堆肥进行充分的好气性发酵。鸡粪在堆腐过程中能产生高温,4～5 天后温度可升至 60℃～70℃,2 周即可达均匀分解,充分腐熟的目的,其施用量比新鲜鸡粪可多 4～5 倍。

④干燥:鸡粪用搅拌机自然干燥或用干燥机烘干制成干粪,可作果树、蔬菜的优质粪肥或家畜的添加饲料。

(2)孵化废弃物的管理 孵化的废弃物有无精蛋、死胚、毛蛋、蛋壳等。利用这些废弃物必须先高温灭菌。未受精蛋常用于加工食品,死胚、毛蛋、死雏等可制成干粉,蛋白质含量达22%～32%,可代替肉骨粉与豆饼。蛋壳粉为含有少量蛋白质的钙质饲料。

(3)污水处理

①沉淀:试验证明,含10%～33%鸡粪的粪液,放置24小时,80%～90%的固形物会沉淀下来。北京有些大型鸡场将污水通过地沟流淌到鸡场后的污水处理场,经过两级沉淀后,水质变得清澈,可用于灌溉果树或养鱼。

②用生物过滤塔:生物过滤塔是依靠滤过物质附着在多孔性滤料表面所形成的生物膜来分解污水中的有机物;通过这一过程,污水中的有机物质既过滤又分解,浓度大大降低,可得到更好的净化。

(4)死鸡的处理

①焚烧法:是一种传统的处理方式,是杀灭病原最可靠的方法。可用专用的焚尸炉烧死鸡,也可用供热的锅炉焚烧。

②深埋法:是一种简单的处理方法,费用低且不易产生气味,但埋尸坑易成为病原的贮藏地,并有可能污染地下水。故必须深埋,且有良好的排水系统。

③堆肥法:经济实用,已成为场区内处理死鸡最受欢迎的选择之一。在堆肥设施的底部铺放一层15厘米厚的鸡舍地面垫料,再铺上一层15厘米厚的棚架垫料,在垫料中挖出13厘米深的沟,再放入8厘米厚的干净垫料。将死鸡顺着槽沟排放,但四周要离墙板边缘15厘米。将水喷洒在鸡体上,再覆盖上13厘米部分地面垫料和部分未使用过的垫料。其中堆肥设施的建设,即每1万只种鸡的规模,建造2.5厘米高,3.7平方米的建筑,建筑地面用混凝土结构,屋顶要防雨。至少分隔为两个隔间,边墙要用5厘米×20厘米的厚木板制作。

注意不管用哪种处理方法，运死鸡的容器应便于消毒密封，以防运送过程中污染环境。如死鸡由于传染病而死亡的最好进行焚烧。

32. 如何提高鸡粪饲养价值和饲喂畜禽的效果？

用鸡粪作饲料必须进行去臭灭菌、脱水等处理，从而提高其饲用价值和饲喂畜禽的效果。目前，鸡粪加工方法主要有化学处理法（甲醛、硫酸、尿素氧化处理法；磷酸、丙酸、醋酸处理法）、干燥处理法（自然干燥法；简易人工加工干燥法；塑料大棚自然干燥法；高温快速干燥法）、青贮处理法（自然发酵法；酒精发酵法；发酵机发酵法；青贮处理法）、热喷鸡粪再生饲料法、生物处理（无公害蝇蛆生产；微生物发酵鸡粪再生饲料）、氧化沟处理等。现将主要方法介绍如下。

(1)甲醛、硫酸、尿素氧化处理法 将新鲜鸡粪分散晾开，加入0.5%的福尔马林堆放24小时；然后加0.1%的硫酸，搅拌均匀后再堆放24小时；最后翻堆加入3%～5%的尿素，搅匀后氧化24小时，散堆晾干，加工粉碎后使用，每批10～15天完成。按此法处理后的鸡粪无毒、无色、无味、适口性好，日粮最适比例为10%～15%。

(2)自然干燥法 将收集的鲜鸡粪摊放在干净的地面上晒干，除臭灭菌。然后粉碎过筛，当水分降至10%以下时就可贮存利用。该处理方法简便易行，适合我国农村既养鸡又养猪的农户采用。

(3)塑料大棚自然干燥法 大棚一般长45米，宽4.5米，将鸡粪平铺于地面上，棚内设有两根铁轨，其上有可活动的干燥搅拌机，且装有风扇。这种干燥方法每天平均可干燥750千克鲜鸡粪，不怕雨淋，不消耗燃料，易于推广利用。

(4)青贮处理法 将鸡粪同其他青饲料按 1∶2 的比例一起粉碎，并加入 3%的石灰水拌匀杀菌后入池发酵，青贮 30 天左右便可使用。这种饲料具有清香气味、适口性好的特点。

(5)热喷鸡粪再生饲料法 这种处理方法类似“爆米花”。先将鸡粪晾干，使其水分含量低于 30%，放入热喷机中，在压力为 8 千克，温度为 212℃左右的蒸汽中蒸 3～4 分钟，在压力增加至 12 千克/米^3，突然喷放，即成热喷畜禽粪便，似鱼粉样，具有消毒、灭菌、除臭、膨松、味香、适口性好等特点。

(6)无公害蝇蛆生产 无公害蝇蛆生产是采取规模化生产设备，通过工程化技术手段，实行紧密衔接的操作工序，集中利用鸡粪供给蝇蛆孳生物质，连续生产大量蝇蛆蛋白。

(7)微生物发酵鸡粪再生饲料 微生物发酵法是以鸡粪为主要原料，用米曲霉等菌种固体生料发酵工艺生产鸡粪再生饲料的方法。用该方法生产的产品具有特殊香味、营养丰富、易吸收等特点。

33. 鲜鸡粪作饲料需注意的事项有哪些？

鸡粪是养鸡场最主要的废弃物，每只鸡每天排粪 100 克左右，一个 10 万只鸡规模的鸡场，日产鸡粪 10 吨，年产 3 650 吨左右。鸡粪一方面是污染源，另一方面又是很有利用价值的肥料、饲料资源。据检测，经过加工处理的鸡粪具有粗蛋白质含量高，粗纤维高，粗灰分含量高和可代谢能量低的特点。因而合理利用鸡粪可以获得较好的经济效益。鸡粪再生饲料的应用需要注意事项有以下几个方面。鸡只最好是笼养，既干净又便于收集。所利用的鸡粪应是新鲜的，超过 24 小时的鸡粪不可利用。由于鸡粪产品应当是便于贮存和运输的商品化产品，所以要经过干燥处理。必须杀虫灭菌，符合卫生标准，而且没有难闻的气味。开始饲喂时，应由少到多，和其他饲料混合后饲喂，使畜禽有一个适应过程。在饲喂过程中要注意鸡粪的调制方法，以提高适口性。做好畜禽的定期防疫和驱虫工作，以防引起疾病。鸡粪的加工处理过程中不能造成二次污染。

34. 采取哪些措施以减少污水对环境的污染？

养鸡场内的污水来源主要有4方面：一是生活用水；二是自然雨水；三是饮水器终端排出的水和饮水器中剩余的污水；四是洗刷设备及冲洗鸡舍的水。必须严格处理的是后两者。污水的多少与用水量密切相关，用水量又与清粪方式、季节与气候等因素有关。养鸡场污水量应按全场用水量的70%左右估算。

污水处理最首要的工作是减少污水量，这就必须做到以下几点：

养鸡场应尽量限制用大量的水冲洗粪便。

严格管理好水，使其不能或尽量少流入粪道或粪槽。

对老鸡场的饮水设备进行彻底改造，减少跑、冒、滴、漏。

对污水应进行固液分离，将固形物分离出来另作处理，这样使污水的有机负荷量大大减少，便于处理。

对养鸡场的污水应做到综合利用，化害为利，一水多用，循环回收利用，可大大节约鸡场用水量。

养鸡场污水处理基本方法和污水处理系统多种多样，有沼气处理法、先经过预处理再通过人工湿地分解法、生态处理系统法等，各场可根据本场具体情况选择应用，此处仅介绍一种。全场的污水经各支道汇集到场外的集水沉淀池，经过沉淀，鸡粪等固形物留在池内，污水排到场外的生物氧化沟（或氧化塘),污水在氧化沟内缓慢流动,其中的有机物逐渐分解。据测算,氧化沟尾部的污水化学耗氧量可降至200毫克/升左右。这样的水再排入鱼塘,剩余的有机物经进一步矿化作用,为鱼塘中水生植物提供肥源,化学耗氧量可降至100毫克/升以下,符合污水排放标准。

四、肉鸡营养需要与饲料

1. 肉仔鸡的营养需要的特点是什么?

第一,要求有全价配合饲料,任何微量成分的不足或缺乏都可能出现病态反应。

第二,要求高能量、高蛋白质水平,只有这样才能取得最高的生长速度。

第三,要求日粮的各种营养物质比例适当,以提高饲料转化率。

2. 为什么鸡饲料的能量以代谢能来表示? 能量单位是什么?

鸡的一切生理活动,如呼吸、循环、吸收、排泄、繁殖和体温调节都需要能量,而能量来源主要是饲料中的碳水化合物、脂肪和蛋白质等营养物质。饲料中各种营养物质的热能总值称为饲料总能,饲料中的营养物质在鸡的消化道内不能全部被消化吸收,不能消化的物质随粪便排出,粪中也含有能量,食入饲料的总能量减去粪中的能量,才是被鸡消化吸收的能量,这种能量称为消化能。另有一些物质在代谢过程中从尿液排出,尿液含有的能量称尿能,饲料总能减去粪能和尿能就是代谢能,由于鸡的粪尿排出时混在一起,因而在生产中只能测定饲料的代谢能而不能直接测定其消化能,故鸡饲料的能量都以代谢能来表示。

营养学中所采用的能量单位是热学上的焦耳,在生产中为了方便起见，常用千焦、兆焦作为能量单位。1毫升纯水从14.5℃升高至15.5℃所需要的热量称为4.184焦。

3. 什么叫能量饲料？常用的能量饲料有哪些？

能量饲料指富含碳水化合物和脂肪的饲料，包括谷实类、糠麸类、块根、块茎和瓜类，是肉鸡饲料主要成分，用量占日粮60%左右。能量饲料干物质中粗纤维含量在18%以下，粗蛋白质含量在20%以下。这类饲料缺乏赖氨酸和蛋氨酸，含钙少、磷多。因此，仅靠这种饲料不能满足肉鸡的需要。

(1)谷实类 这类饲料具有高能量，消化率高。其缺点是蛋白质和必需氨基酸含量不足，粗蛋白质含量一般占8.9%～13.5%，特别是赖氨酸、蛋氨酸含量不足；钙含量一般低于0.1%，而磷含量可达0.31%～0.45%，这样的钙、磷比例对鸡都不适宜；缺乏维生素A和维生素D。

①玉米：玉米含能量高，纤维少，适口性好，价格便宜，素称饲料能量之王，是养鸡业中最主要饲料之一，含代谢能达13.0～14.6兆焦/千克，而且黄玉米中含有较多的玉米黄素，是肉鸡的优质饲料。一般在配合饲料中占50%～70%。

②高粱：碳水化合物和蛋白质含量与玉米相近，总营养价值约为玉米的90%，含能量为12.3兆焦/千克，粗蛋白质9.0%。但单宁含量较多，使味道发涩，适口性差，降低日粮氨基酸和能量的消化率，喂量不超过10%～15%。但若能除去单宁，则可大量使用。使用单宁含量高的高粱时，应注意添加维生素A、蛋氨酸、赖氨酸和胆碱等，还应注意色素及必需脂肪酸的补充。

③小麦：小麦含能量约为玉米的90%，为12.89兆焦/千克左右，粗蛋白质含量高，且含氨基酸比其他谷实类完全，B

族维生素丰富。适口性好，易消化，是肉鸡良好的能量饲料，一般在配合饲料中用量可占 10%～30%，但小麦中不含类胡萝卜素，若对鸡的皮肤颜色有特别要求，应适当补充胡萝卜素。小麦的β-葡聚糖和戊聚糖比玉米高，饲料要添加相应的酶制剂来改善鸡的增重和饲料转化率。

④大麦、燕麦：二者含能量比小麦低，但 B 族维生素含量丰富。大麦中β-葡聚糖和戊聚糖含量较高，饲料中应添加相应酶制剂。

⑤碎大米、小米、草籽等：碎大米淀粉含量较高，维生素含量低，易消化，粗蛋白质含量约 10%，是水稻产区的主要能量饲料。米黄色小米含胡萝卜素稍多，易消化。草籽粗纤维含量高，一般不作肉仔鸡饲料。

(2)糠麸类 糠麸类饲料含无氮浸出物较少，粗纤维含量较多，含磷量虽高，但主要是植酸磷(约 70%)，鸡对其利用的能力很低，一般只能利用其含量的 1/3，所以补充磷以矫正。B 族维生素含量丰富。

①麦麸：麦麸含能量低，但蛋白质含量较高，各种成分比较均匀，且适口性好，是肉鸡常用辅助饲料。由于麦麸粗纤维含量高，容积大，有轻泻作用，故用量也不宜过多。一般在配合饲料中的用量，肉用仔鸡和肉用种鸡育雏阶段可占 5%～15%，肉用种鸡育成和产蛋阶段可占 10%～30%。

②米糠：米糠含脂肪、纤维较多，富含 B 族维生素，用量太多，易引起消化不良。一般占种鸡日粮的 5%～10%。

③其他糠类：包括高粱糠、玉米糠，其纤维含量高，质量差。用量不超过 5%。高粱糠易发酵，含单宁。

(3)油脂类 这类饲料含能量最高。在饲料中添加动、植物油脂可提高生产性能和饲料利用率，也可改善日粮品质，提高适口性和脂溶性维生素的利用，减少饲料的粉尘飞扬。肉用仔鸡的日粮中一般可添加 5%～10%。但脂肪易氧化酸败，降低适口性，且易引起机体消化代谢的紊乱，酸败油脂不可饲用。

4. 什么是蛋白质饲料？常用的蛋白质饲料有哪些？

蛋白质饲料包括植物性蛋白质饲料和动物性蛋白质饲料。其特点是在干物质中粗纤维含量低于 18%，而粗蛋白质含量高于 20%。

(1)植物性蛋白质饲料

①豆饼(粕)：大豆饼和豆粕是我国最常用的一种主要植物性蛋白质饲料。蛋白质含量 42%～46%，粕高于饼，含能量却相反。大豆饼(粕)中含赖氨酸 2.5%～3.0%，适口性好，营养价值高，一般用量占日粮 10%～30%。大豆饼(粕)氨基酸组成接近动物性蛋白质饲料，但蛋氨酸、胱氨酸含量相对不足，故以玉米－豆饼(粕)为基础的日粮，通常需要添加蛋氨酸。

大豆饼(粕)中存在抗胰蛋白酶、尿素酶、血细胞凝集素、皂角苷、甲状腺肿诱发因子、抗凝固因子等，其中最主要的是抗胰蛋白酶。但这些有害物质大都不耐热，在适当水分下经加热即可灭活，有害作用即可消失。加热过度，会降低赖氨酸和精氨酸的活性，同时亦会使胱氨酸遭到破坏。

②花生饼(粕)：花生饼(粕)的饲用价值仅次于豆饼，粗蛋白质含量为 40%～49%。能量含量 10.88～11.63 兆焦/千克。含精氨酸、组氨酸较多，赖氨酸含量低，适口性好于豆饼，与豆饼配合使用效果较好。一般在配合饲料中用量可占

15%～20%。

花生饼(粕)本身虽无毒素,但易感染黄曲霉,产生黄曲霉毒素,导致禽类中毒。因此,贮藏时切忌发霉。

③菜籽饼(粕):含粗蛋白质35%～40%,可代替部分豆饼饲喂。含有一定芥子苷毒素,喂前宜采用脱毒措施,未经脱毒的菜籽饼喂量不能超过配合饲料的3%～5%。

④棉籽饼(粕):蛋白质含量丰富,可达32%～42%,氨基酸含量较高,微量元素含量丰富全面,含能量较低。棉籽饼中含有毒物质游离棉酚,喂前应采取脱毒措施,未经脱毒的棉籽饼喂量不能超过配合饲料的3%～5%。

⑤其他饼类:芝麻饼、向日葵仁饼和亚麻仁饼(粕)等,粗蛋白质含量30%以上,蛋氨酸含量较高,但粗纤维含量也较高,喂量都不宜过大。亚麻仁饼若喂量过多,可使鸡体不饱和脂肪酸含量上升,体脂变软。用温水浸泡亚麻仁饼可产生氢氰酸而使鸡中毒,应注意。

⑥玉米蛋白粉和其他蛋白质饲料:玉米蛋白粉含蛋白质40%～50%,甚至达60%。但氨基酸不平衡,蛋白质品质较差,饲喂时应考虑氨基酸平衡,与其他蛋白质饲料配合使用。

(2)动物性蛋白质饲料 动物性蛋白质饲料包括水产副产品和畜禽副产品等。蛋白质的氨基酸组成大都比较全面,是营养价值比较高的饲料。其特点是蛋白质、赖氨酸含量高,灰分含量高,B族维生素含量高,蛋氨酸含量略显不足,一般碳水化合物特别少。

①鱼粉:鱼粉是养鸡最理想的动物性蛋白质饲料,含蛋白质45%～60%,而在氨基酸组成上,赖氨酸和胱氨酸含量高。鱼粉中B族维生素含量高,尤其是维生素B_{12}。另外,鱼粉中还含有钙、磷、铁等。用它补充植物性饲料中限制性氨基酸不

足，效果很好。一般在配合饲料中用量可占 5%～15%。

②肉骨粉：由不适宜人食用的家畜躯体、骨头、胚胎、内脏等制成，其营养价值取决于所用的原料。饲用价值比鱼粉略差，粗蛋白质含量 54.3%～56.2%，粗脂肪 4.8%～7.2%，赖氨酸含量大，是维生素 B_{12} 的良好来源。最好与植物性蛋白质饲料混合使用，雏鸡用量不超过 5%，成年鸡可占 5%～10%。肉骨粉容易变质腐败，喂前要检查。

③羽毛粉、血粉：水解羽毛粉含粗蛋白质近 80%，含硫氨基酸较多，但赖氨酸、色氨酸和组氨酸含量低，这是羽毛粉蛋白质生物学价值低的主要原因。羽毛粉仅作蛋白质补充饲料，使用量一般限制在 2.5%左右。血粉是动物鲜血经蒸煮、压榨、干燥或浓缩喷雾干燥或用发酵法制成，呈黑褐色，其粗蛋白质含量达 80%，但蛋白质可消化性比其他动物性蛋白质饲料差，适口性不好。

④其他动物性饲料：河虾、蚌肉等经加工煮熟处理后饲用。牛奶蛋白质是育雏的最好饲料。饲料酵母粗蛋白质含量为 50%左右，肉鸡中可添加 2%～5%。

5. 常用的矿物质饲料有哪些?

矿物质饲料是为了补充植物性和动物性饲料中某种矿物质元素的不足而利用的一类饲料。大部分饲料中都含有一定量矿物质，在散养和低产情况下，看不出明显的矿物质缺乏症，但在舍饲、笼养、高产的情况下矿物质需要量增多，必须在饲料中补加。

(1)食盐 食盐的主要成分为氯化钠，补充鸡体内的钠和氯，作用是刺激唾液分泌，促进消化，维持体液正常渗透压。肉仔鸡饲料中含盐的需求量为 0.15%～0.4%，若超过 0.7%

会出现生长抑制，甚至造成肉仔鸡死亡。

(2)骨粉　以家畜骨骼为原料，经高压灭菌后再粉碎而成的产品为骨粉。含有大量钙和磷，而且比例合适，所含磷利用率高。其产品一般为黄褐色至灰白色粉末，有肉骨蒸煮过的味道，骨粉含氟量低，只要杀菌消毒彻底，便可安全使用。在配合饲料中用量可占1%～2%。

(3)贝壳粉、石粉、蛋壳粉　三者属于钙质饲料。一般占肉仔鸡配合饲料的1%～2%。贝壳粉是各种贝壳类经加工粉碎而成的粉状或颗粒状产品，是最好的钙质矿物质饲料，含钙量不低于33%，且易吸收。品质好的贝壳粉含杂质少，钙含量高，呈白色粉状或片状。劣质产品可能掺入沙石、泥土等，要注意鉴别。石粉的主要成分是碳酸钙，是价格便宜，补充钙最经济的矿物质原料，使用时要注意石粉的粒度，细粉状(100%通过0.42毫米筛)为好。蛋壳粉吸收率较好，但要严防传播疾病。

(4)磷酸氢钙　磷酸氢钙为白色或灰白色粉末或粒状，含磷16%以上，含钙21%以上，钙、磷利用率均佳。含氟不能超过0.18%，铅、砷等重金属含量不得超标。高氟磷酸氢钙影响钙、磷代谢，易造成肉仔鸡骨软症，弱脚症。

(5)沸石　沸石是一种含水的硅酸盐矿物。具有吸附有害气体、重金属离子和离子交换功能，常作为饲料添加剂的载体使用。在配合饲料中用量可占1%～3%。

6. 什么叫维生素？鸡体需要补充的维生素有哪些？

维生素是维持生命和健康不可缺少的化合物，虽然它不是能量来源，也并非构成动物机体组织的主要物质，需要量仅占日粮的万分之一或更少，却具有高度的生物特性，其营养价值不亚于蛋白质、脂肪、碳水化合物等。集约化生产条件下的家禽对维生素缺乏特别敏感。主要原因是：①家禽从胃肠道合成的微生物中获取维生素很少或没有。②家禽对维生素的需要量高，是其他家畜的3倍。③现代化生产条件下的高密度给家禽增加了多种应激，使维生素需要量大幅提高。玉米-豆粕型日粮几乎不含维生素D和维生素B_{12}，通常需添加维生素A、维生素D、维生素E、维生素K、维生素B_{12}、核黄素、烟酸、泛酸和胆碱。而硫胺素、维生素B_6、生物素和叶酸一般可满足需要。另外，家禽日粮中维生素K添加量比其他动物要高，其原因是家禽肠道短，饲料通过快，且体内合成的维生素K少。笼养家禽比地面平养需要更多的维生素K和B族维生素。

7. 针对鸡体缺乏的维生素，常见的这类维生素饲料有哪些？

维生素饲料可分为两类。一类是商品维生素添加剂；另一类是各种青绿饲料以及加工的产品如青贮料、青干草粉、树叶粉等。

(1)维生素A饲料 维生素A只存在于动物体内。植物性饲料不含维生素A，但含有胡萝卜素、玉米黄素的饲料都可在动物体内转化为维生素A。胡萝卜素在青绿饲料中比较丰富，在谷物、油饼、糠麸中含量很少。对于不喂青绿饲料的鸡来说，维生素A主要依靠多种维生素添加剂来提供。

(2)维生素D饲料 维生素D主要有D_3和D_2两种，维生素D_3是由皮肤内的7-脱氢胆固醇经阳光紫外线照射生成的，主要贮存于肝脏、脂肪和蛋白质中。维生素 D_2 是由植物中的麦角固醇经阳光紫外线照射而生成的，主要存在于青绿饲料和晒制的干草中。鸡所需的维生素来源除了靠自身合成外，主要依靠维生素饲料添加剂提供。

(3)维生素 E 饲料 维生素 E 在植物油、谷物胚芽及青饲料中含量丰富。相对来说，米糠、大麦、小麦、棉仁饼中含量也稍多，豆饼、鱼粉次之，玉米及小麦麸中较贫乏。

(4)维生素 B_2 饲料 维生素 B_2 在青绿饲料、苜蓿粉、酵母粉、蚕蛹粉中含量丰富，鱼粉、油饼类饲料及糠麸类次之，籽实饲料如玉米、高粱、小米等含量较少。

(5)维生素 B_{12} 饲料 维生素 B_{12} 只存在于动物性饲料中，鸡的肠道内能合成一些，但合成后吸收率很低，在含有鸡粪的垫草中以及牛羊粪、淤泥中，含有大量由微生物繁殖所产生的维生素 B_{12}，因而地面平养鸡可以通过扒翻垫料、啄食粪便而获取维生素 B_{12}。

(6)维生素 K 饲料 维生素 K 在青绿饲料中含量丰富，鱼粉等动物性饲料中也有一定的含量，其他饲料中比较贫乏。另外，动物肠道的微生物能少量合成维生素 K，鸡粪和垫料中的微生物也能合成一些。

8. 如何扩大维生素饲料的来源？

目前鸡场均使用维生素饲料添加剂来满足鸡对维生素的需要，而家庭小规模养鸡，青绿饲料是日粮中维生素的主要来源，经济实惠，容易采集。青绿饲料可占雏鸡日粮的 15%～20%，成鸡饲料的 20%～30%。树叶粉、草粉虽富含维生素，粗蛋白质含量也较高，由于粗纤维含量多，用量只能占饲料的 2%～5%。人工栽培的禾本科、豆科牧草，如苜蓿、三叶草等，都是优质的青绿饲料。无毒的嫩野草，水生植物中的浮萍、水藻、水葫芦、蔬菜中的胡萝卜、白菜、甘蓝、根达菜、苦荬菜和牛皮菜，树叶中的松针、紫槐叶、洋槐树叶以及草木樨等，都可作为维生素饲料。

9. 什么叫饲养标准？应用饲养标准应注意哪些问题？

在健康高效养鸡过程中，为了充分发挥鸡的生产性能又不浪费饲料，必须对每只鸡每天应该给予的各种营养物质量规定一个大致的标准，以便实际饲养时有所遵循，这个标准就叫饲养标准。鸡的饲养标准很多，比较常见的有美国农业部制定的 NRC 饲养标准。应用饲养标准时需要注意的问题有以下几个方面。

第一，饲养标准来自于养鸡生产，又服务于养鸡生产。生产中只有合理应用饲养标准，配制营养完善的全价日粮，才能保证鸡群健康并很好的发挥生产性能。

第二，饲养标准本身不是永恒不变的指标，随着饲料营养科学的发展和鸡群品质的改进，饲养标准也应及时进行修订、充实和完善，使之更好地为养鸡生产服务。

第三，饲养标准是在一定的生产条件下制定的，各地区（以及各国）制定的饲养标准虽有一定的代表性，但毕竟有局限性，这就决定了饲养标准的相对合理性。

第四，制定具体日粮配方时，至少要满足鸡对代谢能、粗蛋白质、蛋白能量比、钙、磷、食盐、蛋氨酸（或蛋氨酸＋胱氨酸）、赖氨酸和色氨酸的需要量。

10. 肉仔鸡的营养需要有哪些?

(1)能量需要 肉仔鸡饲养一般分为3个阶段,即0～3周龄,3～6周龄,6～8周龄。美国NRC(1994)3个饲养阶段的能量标准均为13.39兆焦/千克。我国肉仔鸡饲养标准中采用两阶段饲养,即0～4周龄和5周龄以上,日粮代谢能水平为12.13兆焦/千克和12.35兆焦/千克,比NRC低10%左右。但值得注意的是,肉仔鸡若营养水平过高,生长太快,往往有不良影响,肉仔鸡易发生猝死症和腹水症。因此,在生产中要根据饲料原料和成本等具体情况,适当降低营养水平,使饲料能量水平保持在12.13～13.99兆焦/千克。若代谢能在12.6兆焦/千克之内,采用玉米,豆粕和少量鱼粉配制日粮即可达到要求,但若在12.6兆焦/千克以上,则需添加动植物油脂。

(2)蛋白质和氨基酸的需要 蛋白质是构成鸡体的主要成分,是一切生命活动的基础。饲料中蛋白质的含量不足,会严重影响肉仔鸡的增重,降低饲料报酬。当日粮代谢能为13.39兆焦/千克时,肉仔鸡在3个饲养阶段的日粮蛋白质含量分别为23%,20%,18%。我国肉仔鸡的饲养标准中规定肉仔期(0～4周龄)和后期(5周龄以上)日粮粗蛋白质水平分别为21%和19%。肉仔鸡对蛋白质的利用率较高,平均为60%左右,前期对蛋白质的要求高于后期。蛋白质营养实质上是氨基酸的营养,肉仔鸡最重要的必需氨基酸主要是蛋氨酸和赖氨酸。肉仔鸡在3个饲养阶段中日粮蛋氨酸的需要量分别为0.5%,0.38%,0.32%;赖氨酸的需要量分别为1.1%,1%,0.85%。其他氨基酸的需要量可见肉鸡饲养标准。由于饲料中能量水平影响肉仔鸡的采食量,因而也影响日粮的蛋白质水平。但应注意，无论蛋白质水平如何变化，上述氨基酸的比例及种类必须给予保证。

(3)矿物质需要 矿物质的功能很重要，它可以构成机体组织，如骨骼和肌肉；调节渗透压；作为体内多种酶的激活剂；调节体内酸碱平衡等。肉仔鸡所需要的矿物质元素有 13 种以上，即钙、镁、钾、钠、磷、氯、硫、铁、铜、锰、锌、碘、硒等。以玉米－豆粕为主的饲粮，必须补充钙、磷、钠、氯、铁、铜、锰、锌、碘和硒等。通常使用石灰石粉及磷酸盐以补充钙与磷，而其他微量元素均以预混剂的形式添加。

(4)维生素需要 维生素是维持肉鸡生长发育，新陈代谢必不可少的物质。维生素可分为脂溶性和水溶性。脂溶性维生素包括维生素 A、维生素 D、维生素 E 和维生素 K，其单位以 U 或 CU 表示；水溶性维生素包括 B 族维生素和维生素 C 等。由于饲料原料中维生素含量变异大，不易掌握，故一般以维生素预混剂添加于饲料中。

11. 肉种鸡的营养需要有哪些？

(1)能量需要 种鸡对能量的需要包括维持的需要和产蛋的需要两部分。对能量需要的衡量单位普遍采用代谢能(千焦)。1 只成年母鸡的基础代谢净能为 345 千焦/千克・$W^{0.75}$。体重为 2.5 千克的肉种鸡的代谢能维持需要则为：430×2.5×0.75×1.5(活动量)＝1 282.4 千焦。

由于家禽活动量不同，维持需要也就不同。一般在平养鸡基础代谢之上增加 50％，笼养鸡增加 37％。1 个重 50～60 克的蛋含净能值为 293～377 千焦，1 个中等大小的蛋含净能值 355 千焦，代谢能用于产蛋的效率以 0.65 计，产 1 个蛋约需代谢能 546 千焦。当鸡产蛋率为 80％，则产蛋需要能量为

546×0.8=437 千焦。若肉用种鸡还增重，每增重 1 克约需代谢能 12 千焦。因此，2.5 千克体重，产蛋率为 80%，日增重为 7 克的肉用种鸡的各项代谢能需要总和每天每只约为 1 803 千焦。影响肉用种鸡产蛋能量需要的因素主要有产蛋率，限制饲养和环境温度等。

(2)蛋白质需要 肉用种母鸡如果饲喂氨基酸平衡的蛋白质，产蛋高峰期每天每只需要 23 克，一般产蛋水平时，每天每只 18～20 克即可满足。生产中应注意氨基酸的平衡，避免粗蛋白质食入过量，每天摄入量 27 克/只，对孵化率有不良影响。特定氨基酸需要量，NRC(美国饲养标准)规定肉用种鸡每只每天蛋氨酸、含硫氨基酸、赖氨酸的需要量分别为 400 毫克、700 毫克、765 毫克。矮小型种母鸡的粗蛋白质需要量不超过 13.6%，蛋氨酸和赖氨酸日需要量分别为 360～380 毫克和 750 毫克。

(3)矿物质需要 肉用种鸡的蛋壳强度随钙的升高而增加。美国饲养标准 NRC 规定肉用种母鸡每天钙需要量为 4.0 克/只。肉用种母鸡通常是在蛋壳明显沉积以前的早晨供给饲料，下午补充钙可提高蛋壳质量。如果钙全在下午供给，又会使蛋壳变厚，明显降低孵化率。

美国饲养标准 NRC(1994)推荐肉用种母鸡磷需要量为每只每天 350 毫克非植酸磷。若每天总磷供应量从 532 毫克提高至 1 244 毫克不会明显增加产蛋量、受精蛋孵化率或蛋的比重(即每天每只 163～863 毫克非植酸磷为适宜)。

美国饲养标准 NRC(1994)规定，肉用种母鸡每天每只对氯需要量为 185 毫克，钠为 150 毫克。肉用种鸡每天摄入钠和氯的量在 154 毫克/只以上，不会再提高产蛋量、饲料转化率、蛋重、受精率以及孵化率。钠摄入量若超过 320 毫克，会降低受精率。对于其他矿物元素和微量元素对肉用种母鸡研究较少,可参考蛋鸡标准。

(4)肉用种母鸡维生素的需要　可参考蛋用型产蛋鸡的维生素需要量。

12. 优质黄羽鸡的营养需要有哪些?

优质黄羽肉鸡的营养需要,目前尚没有可供参考的国家标准,大多数饲养场或饲养户采用育种单位提供的推荐标准。因为优质黄羽肉鸡营养需要的差异较大,标准难以统一;而且满足优质肉鸡的营养需要是以既要充分发挥鸡种生长潜力,又要提高饲料报酬为首要条件的。所以,在实际生产中,应该以鸡种推荐的营养需要为基础,以提高饲料报酬为目标,适当调整营养标准。此外,为改善鸡肉品质要注意饲料的多样化。

13. 在设计饲料配方时,为什么要考虑能量与蛋白质的比例?

在日粮一定能量水平范围内,鸡有调节采食量以满足能量需要的本能,如饲喂高能日粮时,采食量相对减少,而饲喂低能日粮时,采食量相应增多。假如饲喂高能低蛋白质日粮,虽然鸡采食的能量已经满足鸡体需要,但蛋白质的摄入量相对减少,这样容易出现蛋白质贫乏症,造成鸡的生长缓慢,生产性能降低。反之,若饲喂低能高蛋白质日粮,鸡会采食过多的蛋白质,一方面造成蛋白质的浪费;另一方面会引起体内有机氮的不平衡。因此,在鸡饲料中应充分考虑到蛋白质能量比这一指标,尽可能使这一指标符合或接近鸡的饲养标准。

14. 为什么要注意鸡日粮中的氨基酸平衡？

动物的蛋白质营养就是氨基酸营养。为了保证动物合理的蛋白质营养，一方面要提供足够数量的必需氨基酸和非必需氨基酸，另一方面还必须注意各种必需氨基酸之间以及必需氨基酸和非必需氨基酸之间的比例。所谓氨基酸平衡，意味着饲料中各种氨基酸的数量和比例与动物的需要相符合。某一必需氨基酸不足将影响动物对其他足量氨基酸的影响。可用“水桶法则”形象说明。水桶法则将蛋白质比喻为由20块桶板组成的水桶，每块桶板代表1种氨基酸。当每种氨基酸的数量（桶板高度）都恰好达到水桶的上沿时，这个桶就是一个完整的蛋白质，这种情况下各种氨基酸之间的比例就是最佳的，即氨基酸是平衡的。由于饲料蛋白质中氨基酸通常是不平衡的，必然会有些桶板超过桶的上沿，有些则达不到上沿。这时用这个桶装水，水的深度只能达到最低的那块桶板那么高。这块最低的桶板代表的氨基酸就是第一限制性氨基酸，它决定了整个蛋白质的质量。因而，当饲粮中各种氨基酸未达到平衡时，就不能被动物最有效地利用。

15. 什么是限制性氨基酸？鸡的限制性氨基酸有哪些？

限制性氨基酸是指在饲粮中所含必需氨基酸的量与动物需要相比，差距较大的氨基酸。按照差距的大小顺序，依次称为第一、第二、第三……限制性氨基酸。在玉米豆粕日粮中，限制性氨基酸为蛋氨酸、赖氨酸、色氨酸，它们的缺乏往往会影响其他氨基酸的利用率。

16. 鸡对蛋白质的需要与哪些因素有关?

在饲养标准中,具体规定了各种鸡在不同生长发育阶段对蛋白质的需要量,但在生产实践中,还需要根据具体情况作适当调整,影响鸡对蛋白质需要量的主要因素有以下几方面。

(1)蛋白质品质 如果日粮中动、植物性蛋白质比例适当、各种必需氨基酸平衡,则蛋白质利用率高,用量少。

(2)蛋白能量比 日粮中蛋白质含量与能量比例必须适当,高能量的日粮与高蛋白质配合使用。

(3)品种类型 鸡的品种类型不同,对蛋白质需要量有一定差异。如雏鸡、肉用仔鸡的日粮中蛋白质含量要高于成鸡,种鸡日粮中蛋白质含量要高于商品蛋鸡。

(4)生理状况 雏鸡需要蛋白质最多,随着日龄增长,育成期内蛋白质需要量相应减少。

(5)环境温度 环境温度超过一定限度(如酷暑季节),鸡的采食量下降,这时应提高日粮中蛋白质含量,以弥补其不足。

(6)其他因素 如日粮中维生素、矿物质不足,则应提高蛋白质含量,以改善饲料转化率。

17. 鸡日粮中的粗纤维有什么作用? 其含量过多有什么害处?

粗纤维是鸡的日粮中不可缺少的营养物质,它具有填充嗉囊和肠胃,刺激胃肠蠕动,帮助消化,增进食欲,促进新陈代谢等功能。如果日粮中粗纤维含量过低,会引起鸡的消化道疾病,羽毛生长发育不良,出现啄癖等。但日粮中粗纤维含量过高,对鸡会有不利影响。鸡不能有效利用粗纤维,如果鸡的日粮中粗纤维过多，日粮体积大但其他营养物质的密度就减少了。而且，粗纤维含量高，会影响其他营养物质的消化吸收，其结果是被消化吸收的能量不足，营养不够，从而导致鸡的生长发育不良，鸡体消瘦。

在鸡的日粮中，粗纤维含量不宜超过5%，一般标准是，雏鸡2.5%～3%，育成鸡4%～5%，种鸡3%～4.5%。粗纤维在糠麸类饲料中含量较多（麦麸12.6%、统糠21.7%）；干草粉含粗纤维量视草的品质而定，一般为23%～36%；籽实类饲料中粗纤维含量较少（2%～9%）。

18. 什么叫肽？功能性肽有哪些？肽吸收的主要优势有哪些？

肽是2个或2个以上的氨基酸以肽键相连的化合物，是介于大分子蛋白质和氨基酸之间的一段最具活性、最易吸收、生理功能效价高的一种崭新营养物。功能性肽有阿片样肽、抗菌肽、免疫活性肽、多肽生长因子、抗高血压肽及食品感官肽等。肽吸收的主要优势：

（1）和游离氨基酸日粮相比

①肽形式吸收可以避免或减少氨基酸形式吸收时的相互竞争。

②日粮以肽形式存在时，与游离氨基酸相比，可以减少肠道中的离子强度，减少对肠道黏膜的刺激。

③相同氮量，以肽形式供应时，在肠道中一部分被酶分解成游离氨基酸，另一部分则以肽形式吸收。所以，饲料中肽实际是同时利用肽和游离氨基酸两种吸收途径，相比单纯以游离氨基酸形式吸收，可以提高饲料中氮在肠道中的吸收速度和吸收量。

④有生物活性的肽在肠道内或通过上皮黏膜完整吸收后,可以在体内发挥生物活性作用。

⑤肽增加矿物元素在肠道中的吸收。小肽在肠道中容易和矿物元素结合成可溶性的螯合物,而促进钙、锌、锰、铁等的吸收。

(2)同蛋白质日粮相比

①肽可以在胃肠道中直接被吸收,而蛋白质通常应在胃蛋白酶、胰酶或肠内相关蛋白酶、肽酶作用下,转变为小肽或游离氨基酸时才能被吸收,这点特别是在动物消化机制不完善,胃肠功能降低,分泌的蛋白酶不足时(如消化吸收机制不甚完善的幼龄动物),对动物的蛋白质营养很有意义。

②肽的低过敏原性。将蛋白质酶解为肽或用肽代替豆粕等蛋白质原料,可以避免外源大分子蛋白质在体内对动物的不良刺激。

③减少或消除常用蛋白质原料(如大豆)中的抗营养因子。

19. 日粮中添加脂肪应注意的问题有哪些?

大量的研究表明,在肉鸡配合饲料中添加一定量的脂肪,特别是动植物脂肪按一定比例配合添加,能显著提高饲料的能值,改善饲料品质和风味,促进肉鸡生产性能的发挥。但是在日粮中添加时应注意以下几个问题:

(1)不同种类脂肪的理化性质和营养作用不同　饲用脂肪的种类不同,它们的理化性质、营养作用,因其甘油三酯的构成、脂肪酸链的长短和脂肪酸的饱和度不同而有所差异。在家禽的生产中,动物性脂肪与植物性脂肪应按 1∶0.5～1 的比例混合,并且饱和脂肪酸与总脂肪酸的比例控制在1∶2～2.2。

(2)注意适宜的添加量 适宜的脂肪浓度是保证使用效果的前提。一般脂肪添加量占肉鸡日粮的比例为4%～8%。

(3)注意日粮营养平衡组成 据报道，每添加1%的脂肪，要增加0.5%的蛋白质，同时日粮中含硫氨基酸、矿物质和维生素也要相应的提高。

(4)添加脂肪 要根据动物的年龄添加不同的脂肪。

(5)鸡对脂肪的利用率随年龄的增长而增长 对于幼龄鸡，以选择短链脂肪为宜。

(6)要注意饲用脂肪的品质 使用脂肪时要注意其品质，特别是不能使用酸败的脂肪饲喂，否则将得不偿失。

20. 什么叫饲料添加剂？它分为哪几类？

饲料添加剂是用于改善基础日粮、促进生长发育、防治某些疾病的微量成分，它们的功效是多方面的，正确使用可提高鸡的生产性能。

饲料添加剂种类很多，包括饲料保护剂（保护饲料中的营养物质，防止氧化或被微生物破坏）、助消化剂（如酶制剂、益生素、酸化剂、缓冲剂、离子交换化合物、离子载体及甲烷抑制剂、唾液分泌剂、瘤胃原生生物抑制剂、瘤胃防胀剂、异位酸等）、代谢调节剂（如激素、营养重分配剂）、生长促进剂（如抗生素、化学合成药）、动物保健剂（如药物、免疫调节剂、环境改良剂）等。

21. 使用饲料添加剂时应注意哪些问题？

饲料添加剂的作用已经逐渐被人们认识，使用愈来愈普遍，但因其种类多，使用量小而作用很大，且多易失效，所以应用时应注意以下几点。

(1)正确选择 目前饲料添加剂的种类很多,每种添加剂都有自己的用途和特点。因此,用前应充分了解它们的性能,然后结合饲养目的、饲养条件、鸡的品种及健康状况等选择使用。

(2)用量适当 若用量少,达不到预期目的,用量过多会引起中毒,增加饲养成本。用量多少应严格遵照生产厂家在产品包装上的说明使用。

(3)搅拌均匀 搅拌的均匀度与效果直接相关。在手工拌料时,具体做法是先确定用量,将所用添加剂加入少量的饲料中拌和均匀,即为第一层次预混料,然后再把第一层预混料掺到一定量(饲料总量的 1/5～1/3)饲料上,再充分搅拌均匀,即为第二层次预混料;最后再次把第二层次预混料掺到剩余的饲料上,搅拌均匀即可。由于添加剂的用量很少,如果搅拌不均匀,即使是按规定的用量饲用,也往往起不到作用,甚至出现中毒现象。

(4)混于干粉料中 饲料添加剂只能混于干粉料中,短时间贮存待用,才能发挥它的作用。不能混于加水的饲料和发酵的饲料中,更不能与饲料一起加工或煮沸使用。

(5)贮存时间不宜过长 大部分饲料添加剂不宜久放,特别是营养性饲料添加剂、特效添加剂,久放后容易受潮发酵变质或氧化还原而失去作用。

(6)配伍禁忌 多种维生素最好不要直接接触微量元素和氯化胆碱,以免减小药效。在同时饲用两种以上饲料添加剂时,应考虑有无拮抗、抑制作用,是否会产生化学反应等。

22. 维生素 C 在鸡的饲养中有什么特殊的作用?

研究认为,在饲料或饮水中加入维生素 C 可以改善热应激环境下鸡的生产性能,提高饲料报酬和成活率。维生素 C 有助于维持较高的采食量。补充维生素 C 可以抑制体温上升,增加采食量,缓解热应激条件下出现的生产性能下降、饲料报酬降低、仔鸡成活率和受精率下降等问题。而且,维生素 C 是维生素 D_3转化为其活性形式所必需的,提供足量维生素 C 可以保证钙平衡和适当的骨化作用减少破蛋及腿部疾病的发生。维生素 C 可以影响家禽的免疫功能,提高抗应激能力。

23. 为什么要使用酶制剂?

使用酶制剂主要是由鸡的生理特点和日粮的特性决定的。

第一,幼龄鸡消化道和酶系统的发育不完善,消化酶、胃酸和消化液分泌不足,远不能满足分解大分子营养物质的需要。加酶制剂不仅补充了内源酶的不足,还提供了机体不能产生的酶类。

第二,植物来源的饲料是动物能量和蛋白质以及其他营养素的主要来源,但它们含有复杂的细胞壁,它是营养成分的保护层,影响了动物的消化吸收。其细胞壁由抗营养因子非淀粉多糖组成,包括阿拉伯木聚糖、β-葡聚糖、戊聚糖、纤维素和果胶等。鸡不分泌非淀粉多糖酶,用外源的非淀粉多糖酶破坏细胞壁,有利于细胞内淀粉、蛋白质和脂肪等营养成分的释放,同时缓解可溶性非淀粉多糖导致的食糜黏度过大,使之充分和消化道内的酶作用,提高营养成分的消化率。

24. 什么叫抗营养因子？常见饲料中的抗营养因子有哪些？

目前，人们把对营养物质的消化、吸收和利用产生不利影响以及使人和动物产生不良生理反应的物质，统称为抗营养因子。饲料抗营养因子的主要作用有以下几方面：降低蛋白质的利用率、降低能量的利用率、降低矿物质、微量元素的利用率、降低维生素的利用率。

某些谷物类饲料所含的抗营养物质见表3。

表3　饲料中的抗营养物质

饲料名称	抗营养物质与难消化物质
大　麦	β-葡聚糖、戊聚糖
小　麦	戊聚糖、果胶
黑　麦	戊聚糖、果胶、β-葡聚糖、单宁、可溶性非淀粉、烷基间苯二酚、蛋白酶抑制剂
小黑麦	戊聚糖、果胶、可溶性非淀粉、烷基间苯二酚、蛋白酶抑制剂
高　粱	单宁
大　豆	蛋白酶抑制剂、凝集素、致甲状腺肿物
棉籽粕	纤维素、棉酚

25. 如何消除饲料中抗营养因子的抗营养作用？

饲料中抗营养因子抗营养作用的消除，主要通过消除和钝化抗营养因子来实现。其方法主要有以下几种。

(1)物理方法

①加热:有干热法和湿热法两种。干热法如烘烤、微波辐射、红外辐射等。湿热法包括蒸煮、热压、挤压等。胰蛋白酶抑制剂和凝集素,以及抗维生素类因子都可通过加热处理而消除,但单宁、植酸对热比较稳定,故热处理消除此种抗营养因子作用效果甚微。

②机械加工:许多含抗营养因子植物种子的表皮层,通过机械加工处理使之分离即可减小抗营养因子作用。如机械加工除去高粱和蚕豆的种皮可除去大部分单宁。

③水浸泡:有些抗营养因子溶于水,将高粱用水浸泡再煮沸可除去70%的单宁。麦类中的非淀粉多糖也可以通过水浸泡方法部分除去。不过水浸泡法也容易使饲料源本身的营养物质丢失。

(2)化学方法

①酶水解法:将粉碎的谷粒籽实或糠麸在热水中浸泡,通过饲料中内源植酸酶对植酸的水解作用,既可使植酸对金属离子螯合物作用得以消除,又可使植酸生成磷酸盐而被动物吸收利用。在饲料中加入外源植酸酶也有同样的效果。

②化学处理法:在饲料中加入酸碱,可以使一些碱性或酸性抗营养因子作用消除。在饲料中加入一些蛋氨酸或胆碱作为甲基供体,可促进单宁甲基化使其代谢排出体外;或加入聚乙烯吡咯酮、吐温-80、聚乙二醇等非离子型化合物,可与单宁形成络合物。

(3)适量饲用　动物对抗营养因子有一定的耐受力和适应能力,只要饲料中的抗营养因子的含量不超过一定的量,就不会产生对动物不良的影响,或影响不大。

26. 饲料酶的种类有哪些？

(1)消化酶 这类酶属于内源酶，由动物消化系统合成和分泌，但由某种原因需要补充和添加。主要包括淀粉酶、蛋白酶和脂肪酶等。

①淀粉酶：主要包括 α-淀粉酶、β-淀粉酶、葡萄糖淀粉酶以及支链淀粉酶，其作用是催化淀粉降解。一般在饲料中多用。淀粉酶催化淀粉分解为寡糖、双糖、糊精或葡萄糖和果糖。动物消化道和唾液中含有淀粉酶。

②蛋白酶：蛋白酶是催化分解肽键的一类酶的总称。蛋白酶作用于蛋白质，将其降解为小分子的蛋白胨、肽和氨基酸。饲料中多用酸性和中性蛋白酶。动物体内的蛋白酶多存在于胃液和胰液中，分别为胃蛋白酶和胰蛋白酶。

③脂肪酶：降解甘油三脂（脂肪）为游离脂肪酸和甘油。动物体内的胃液和胰液等都含有多种脂肪酶。

(2)非消化酶 非消化酶通常是动物自身体内不能合成的酶，一般来源于微生物。主要用于分解动物自身不能消化的物质或降解抗营养因子或有毒有害物质等，主要包括纤维素酶、半纤维素酶、植酸酶、果胶酶等。

①纤维素酶：分解纤维素为纤维二糖、纤维三糖等多糖。一般认为，纤维素酶为复合酶系。纤维素酶可破坏富含纤维的植物细胞壁，使被其包围的淀粉、蛋白质和矿物质得以释放并被消化利用，同时可将纤维部分降解成可消化吸收的还原糖，从而提高动物饲料干物质、蛋白质、粗纤维、淀粉和矿物质等的消化率。

②半纤维素酶：主要包括木聚糖酶、甘露聚糖酶、β-葡聚糖酶和半乳聚糖酶等。由于除纤维素外的其他非淀粉多糖

(半纤维素和果胶等)都可部分溶于水,在消化道形成凝胶状,使消化道内容物具有较强黏性,因而影响营养物质消化吸收并导致不同程度腹泻,最终影响动物生长和饲料转化率。半纤维素酶的主要作用就是降解这些非淀粉多糖,降低肠道内容物黏性和促进营养物质消化吸收,减少腹泻,从而促进生长和提高饲料转化率。

③植酸酶:是降解饲料植酸及其盐的酶。由于单胃动物不能或很少分泌植酸酶,而豆科和谷物饲料中或多或少存在的该酶活性(主要存在于种子外皮),因加工、贮藏等被破坏,造成这些饲料磷利用率很低(0～4%),并严重影响饲料中二价阳离子矿物质元素利用。

④果胶酶:果胶酶是分解果胶的酶的通称,也是一个多酶复合物,它通常包括原果胶酶、果胶甲酯水解酶、果胶酸酶 3 种酶,这 3 种酶的联合作用使果胶质得以完全分解。饲料工业中果胶酶多用于提高青贮饲料的品质。

27. 加酶饲料和酶化饲料是不是一回事?

加酶饲料是把酶加入到饲料中,随饲料进入动物体内,和自身内源酶同时发挥作用,补充体内酶和酶素不足。由于加酶饲料中的酶主要在动物体内起催化作用,因此所用酶必须与动物体内的消化道环境相适应。不同动物,饲料在体内的持续时间也不同,一般都比较短,鸡只有 3～4 小时,在这样短的时间内,酶的催化作用远远没有充分发挥出来,而随粪便排出体外,造成部分饲料浪费。

酶化饲料是将酶加入饲料的主料中,人为地控制一定湿度、温度、pH 值(适合酶最大限度的发挥),使饲料中的主要成分,如淀粉、蛋白质及非淀粉多糖类聚合物,在酶的催化作用下将其分解,转化为比较容易消化吸收的小分子化合物。在这种酶的催化过程中,酶自身并不被破坏,仍然在饲料中随饲料进入动物体内,借助体外的条件,和内源酶一起参与动物的消化作用,充分发挥酶的催化功能。

28. 在肉鸡的健康高效养殖过程中,我们应如何看待抗生素的添加问题?

抗生素在保证动物健康、促进生长、节省饲料和提高经济效益方面起着非常重要的作用。但大量研究表明,抗生素在动物饲养业上的长期应用已呈现如下弊端:①使病原菌产生耐药性而降低其应用效果。②使动物产生依赖性而限制了动物免疫功能的发挥,降低动物的免疫力和抗病力。③抑制动物体内的有益微生物,造成了疾病的内源和二重性感染。④会在动物产品中残留,危害人的健康。⑤引发耐药菌扩散而造成更大的公共安全问题。欧盟已经禁止在饲料中添加任何抗生素。

针对这些问题,我们在肉鸡健康高效养殖中,应寻找使用抗生素替代饲料添加剂,降低鸡肉产品药残,真正实现动物源性食品绿色化。常见的抗生素替代品有:微生态制剂(益生素、益生元和合生元)、中草药及一些植物提取物、高铜、高锌及饲用复合酶添加剂等。

29. 什么是益生素?常见的益生素有哪些?

益生素是指摄入动物体内后参与肠内微生态平衡,可直接通过增加肠道内有益菌数量来达到对肠内有害微生物的抑制作用,或者通过增强非特异性免疫功能来预防疾病的活性微生物。目前,真正用于配合饲料的微生物菌种主要有乳酸杆菌、粪链球菌、芽孢杆菌、双歧杆菌、仙人山属菌及酵母。在应用的菌种中，乳酸杆菌属和粪链球菌属为肠道正常存在的微生物，而芽孢杆菌属和酵母菌仅零星存在于肠道中。芽孢杆菌是最理想的微生物添加剂，它具有较高的产蛋白酶、脂肪酶和淀粉酶的能力，对植物性碳水化合物具有较强的降解能力，研究表明，芽孢杆菌添加剂具有类似于泰乐菌素和喹乙醇的促生长效果，并且芽孢杆菌在颗粒料、粉料的加工过程中以及通过酸性及碱性环境的过程中具有较高的稳定性。

30. 什么是益生元？常见的益生元有哪些？

益生元是指一类非消化性的化学物质，能够选择地刺激肠内一种或几种有益细菌（益生素）生长繁殖的物质，通过有益菌的繁殖增多，抑制有害细菌生长，从而达到调整肠道菌群，促进机体健康的目的。

益生元应具备以下条件：①在胃肠道的上部既不能水解，也不能被宿主吸收。②能选择性地刺激肠内有益菌（双歧杆菌等）生长、繁殖或激活代谢功能。③能调节肠内有益于健康的优势菌群的构成和数量。④能起到增强宿主机体健康的作用。常见的益生元有：甘露寡糖（MOS）、低聚果糖（FOS）、大豆低聚糖（SOS）、异麦芽寡糖（IOS）、低聚乳果糖（LDL）、寡乳糖（GAS）、低聚焦糖（STOC）和寡木糖（XOS）等。

31. 中草药添加剂对肉用仔鸡饲养有什么效果？

近年来，人们为了避免抗生素及化学添加剂的残毒、不良反应以及病原菌产生耐药性等问题，中草药作为饲料添加剂已受到关注。中草药是以山药、黄芪、甘草、苍术、陈皮、苦参等为主。甘草对消化性溃疡有良好的效果，并具有解毒、抗炎的功效；苍术可使肠蠕动明显增加，具有抗菌消炎作用。中草药作为饲料添加剂具有广泛的前景，因为中草药资源广、价格低、安全无毒、无不良反应。这些中草药经过粉碎均匀混合，以1%～1.5%的比例混入饲料中。

中草药添加剂有如下作用：①增强鸡体的抗病力，提高饲料转化率，从而提高鸡的成活率。②鸡体生长速度加快，日增重提高，而且鸡个体大小均匀，羽毛光泽好。③鸡采食量均匀，不浪费饲料，适口性好，采食量增加，从而提高饲料报酬。

32. 中草药添加剂的种类主要有哪些？

在家禽日粮中作为添加剂使用的中草药很多，表现出的作用效果也不一样。

（1）清热解毒和杀菌抗菌中草药　即能清理里热，解毒消肿，消痛散结和抑制或杀灭细菌等的药物。常用的药物有黄柏、马齿苋、黄芩、牡丹皮、茵陈、穿心莲、苦参、金银花、连翘、板蓝根、鱼腥草、青蒿、紫苏、柴胡、白芷、菊花、桑叶、葛根等。

（2）补益药　此类药物可针对畜禽瘦弱体虚或久病初愈的生理特点补虚扶正、调节阴阳，以提高畜禽对疾病的抵抗力。常用的药物有何首乌、黄芪、山药、当归、淫羊藿、杜仲、五味子、芦巴子、甘草、白术、党参等。

（3）理气消食和助脾健胃中草药　既能调理、疏通气机，又具有消食健脾养胃等性能的药物。常用者有山楂、神曲、麦芽、陈皮、青皮、枳实、枳壳、乌药、木香等。

（4）驱虫中草药　即具杀死或驱除机体内寄生虫和润肠通便等性能的药物。常用的药物有槟榔、贯众、百部、郁李仁、松针粉、常山、南瓜子等。

（5）养心安神类中草药　此类药物有养心安神的功效，能催肥长膘，提高饲料的转化率。常用的药物有酸枣仁、柏子仁、远志、松针、五味子等。

(6)行血类中草药　此类药物能促进血液循环，增强肠胃功能。常用的药物有红花、牛膝、益母草、鸡血藤、川芎等。

(7)补肝肾和强筋骨类中草药　主要有杜仲、龙骨、珍珠母、紫石英等。

(8)祛寒类中草药　常用的药物有艾叶、肉桂、茴香、附子等。

(9)收敛止血类中草药　常用的药物有仙鹤草、地榆、乌梅子等。

(10)常用中草药饲料添加剂　黄芪及其多糖、牛至油、大蒜及其提取物、刺五加及陈皮等。

33. 中草药饲料添加剂的组方应遵循哪些原则？

通常，中草药都是采用复合搭配使用，起到协同增效的作用，因而合理科学地设计中草药饲料添加剂配方显得尤为重要。应根据家禽不同生长发育阶段的生理基础，合理选择不同性能的中草药，既增强其原有的作用，又能相辅相成，消除或缓和其对机体不利的影响，从而充分发挥其作用，达到预期的效果。

在设计中草药饲料添加剂配方时应遵循以下原则。

(1)辨证配制原则　使用中草药饲料添加剂必须以传统的中兽医理论为指导，辨证配制，讲究阴阳、时令和气候对动物体的影响。打消中草药无毒的错误观念，严格防止随意用药，以免造成损失。

(2)因时、因地制宜原则　我国幅员辽阔，地区不同，气候差异很大。北方寒冷，多用温热之药；南方湿热，多用清热燥湿之药。即使同一地域，季节不同，有风、寒、暑、湿、火、燥的区别，故有春温、夏热、秋燥、冬寒之说。所以，配方时必须根据各种动物不同的种类、日龄、体质、饲养方式，因时、因地制宜，不可盲目照搬别人的配方。

(3)经济、实用原则 要注意结合实际资源的情况，合理配比，特别要避免人、畜争药。

(4)严守配伍禁忌原则 比如中药配伍的"十八反"、"十九畏"，即甘草反甘遂、乌头反半夏、硫磺畏扑硝、巴豆畏牵牛等，也是必须注意的。另外，也要考虑中草药与其他饲料添加剂的合理搭配，避免一些不必要的损失。

34. 怎样防止添加剂预混料结块?

添加剂预混料长期贮存时，易吸潮而结块，为了防止吸潮结块，往往在维生素添加剂预混料中添加一定量的稀释剂，如淀粉、粗麸皮、豆荚、硅胶或一些硅胶酸铝类的黏土。也可以用高岭土、石灰石和细沙土作为微量元素稀释剂。另外，避免贮存时间过长，贮存时要尽量注意保持环境干燥、通风。

35. 肉鸡健康高效养殖对饲料原料的要求有哪些?

鸡饲料原料非常广泛，但多数以玉米、麦麸、豆饼(粕)、鱼粉、骨粉、贝粉为主。下面主要就这些原料的选择做简要介绍。

(1)玉米的选择 玉米的标准含水量为14%，配合饲料时以14.5%计算，选用玉米时尽量选择干玉米，如选用湿玉米时，应以玉米的干物质含量计算玉米的添加量，但不能选用过湿玉米，否则通过多添加玉米来补充其不足部分，造成配合饲料总量的增加;霉变玉米不能作为鸡饲料。因霉变玉米中含有黄曲霉等毒素,极易造成鸡的曲霉菌病,尤其是雏鸡;鸡饲料尽量选用成熟的玉米,没有成熟的玉米能量、蛋白质等含量较成熟玉米低得多。

(2)麦麸的选用 目前麦麸中有掺入稻糠的。如掺入比例较小,尚可使用,如掺入比例超过总量的1/3,则不能使用,稻糠中粗纤维含量较高,鸡对粗纤维几乎不能消化。

(3)豆饼(粕)的选用 选用豆饼时,以全熟豆饼为好。过生,特别是豆粕中会有一些有害物质。如抗胰蛋白酶、脲酶、血细胞凝集素、皂角苷等。如果加热过度以至炒煳,就会使胱氨酸遭到破坏,从而降低豆饼的营养价值;选用豆饼时以不霉变为好,豆饼中含脂肪较多,如保存湿度较大,极易发霉、变质,失去使用价值;如采用无鱼粉配方,豆饼的用量在肉鸡饲料中不超过35%,如中期过量使用,增加机体某些器官的负担,易引起鸡痛风等疾病,如过少,饲料蛋白达不到营养标准。

(4)鱼粉的选用 不论进口鱼粉或是国产鱼粉,在选用时都应了解其食盐的含量,在计算饲料食盐添加量时,应包括鱼粉中的含盐量;蛋白质含量国产鱼粉应大于45%,进口鱼粉应大于55%,选用时应根据蛋白质的准确含量,确定鱼粉的添加量,低蛋白质的鱼粉尽量不用;有条件的地方,应检验鱼粉杂菌的含量,如大肠杆菌、沙门氏菌等含量过高,尽量不用。鸡的日粮中,鱼粉的用量以不超过12%为好,过高,鱼粉中的组氨酸产生有毒物质,可促发肌胃糜烂。另有资料报道,鱼粉的颗粒越细,肌胃糜烂越严重,所以在选用时,应注意鱼粉的用量及粒度。

(5)骨、贝粉的选用 鸡饲料中,添加骨、贝粉的较多,也有添加碳酸钙、磷酸钙、蛋壳粉等,无论选用哪种物质都应注意其钙、磷及有效磷的含量。如选用骨粉时，蒸制骨粉好于其他骨粉，选用贝粉时，厚壳贝粉要优于薄壳的贝粉。

36. 如何辨别掺假饲料？

很多养殖户为了降低成本，大都用自配饲料饲喂畜禽，但市场上饲料原料掺假现象时有发生，养殖户在购入原料时又不会辨别，往往上当受骗，造成很大的经济损失。下面介绍几种常用饲料原料的快速鉴别方法。

(1)鱼粉 常见的鱼粉掺假主要有：植物性物质如稻壳粉、麦麸、草粉、米糠、木屑、棉籽粕、菜籽粕等；动物性物质如羽毛粉、血粉、骨粉等。另外，还有尿素等含氮化合物及沙石、石粉、黄泥等。

①通过“眼观、鼻闻、手摸”识别：一是眼观。优质鱼粉颜色一致（烘干的色深，自然风干的色浅）且颗粒均匀。劣质鱼粉为浅黄色、青白色或黑褐色，细度和均匀度较差。如果鱼粉中有褐色碎屑，可能是棉籽壳的外皮，白色及灰色或浅黄色丝条，可能是掺有羽毛粉或制草工业的下脚料粉。如果颜色深偏黑，有焦煳味，可能是焦鱼粉。二是鼻闻。优质鱼粉有浓郁的咸腥味，劣质鱼粉腥臭、腐臭或哈喇味。掺假鱼粉有淡腥味、油腻味或氨味。掺入棉粕和菜粕的鱼粉，有棉粕和菜粕的味道，掺入尿素的鱼粉略有氨味。三是手摸。优质的鱼粉用手摸感到质地松软，呈疏松状。掺假鱼粉质地粗糙，有扎手的感觉。通过手捻并仔细观察，时而可发现被掺入的黄沙或羽毛碎片等。

②水泡法：如鱼粉中掺有麸皮、花生壳粉、稻壳粉或沙子，可取少许样品放入洁净的玻璃杯中，加入 5 倍体积的水，充分搅拌后，静置，观察水面漂浮物和水底沉淀物，水面如有羽毛

碎片或植物性物质(稻壳粉、花生壳粉、麦麸等)或水底有沙石等矿物质,就能识别。

③烧灼法:如鱼粉中掺入尿素,也可用烧灼方法。将20克左右的鱼粉放在干净的铁片上,用电炉加热70℃后,加入尿素的鱼粉就可散发出刺鼻的氨味。

(2)骨粉 掺假的骨粉常因含磷不足,易引起畜禽瘫痪。未脱胶的骨粉易腐烂变质,常引起畜禽中毒。假骨粉常掺有石粉、贝壳粉、细沙等杂物。

①肉眼观察:纯骨粉呈灰色粉状或颗粒状,部分颗粒呈蜂窝状,散发出固有的气味。掺假骨粉仅有少许蜂窝状颗粒,掺石粉、贝壳粉的骨粉色泽发白。

②水泡法:骨粉在水中浸泡不分解,假骨粉泡时间较长就变成粉状,静置后沉淀。另外,蒸过的骨粉和生骨粉的细粉漂浮于水表面,搅拌也不下沉,而脱胶骨粉的漂浮物很少。

(3)麸皮 麸皮掺假常有滑石粉、稻谷糠等。识别时可将手插入麸皮中,然后抽出。如果手上粘有白色粉末,且不易抖落则说明掺有滑石粉。用手抓起一把麸皮使劲握,如果麸皮很易成团,则为纯正麸皮。如果抓一把麸皮使劲搓,而搓时手有胀的感觉,则掺有稻谷糠。如搓时有滑的感觉,说明里面有石粉。

(4)大豆粕 大豆粕是常用的蛋白质原料,由于其用量较大,其质量的轻微变异都可能导致严重的后果。大豆粕常掺假的原料有玉米、黄土、沙石、尿素等物质。

从感观上大豆粕呈片状或粉状,有香味,但不应有腐烂、霉变或焦化等味道,也不应有烂腥味。颜色浅黄,表明加热不足,暗褐色表明处理过度,品质较差。也可取少许豆粕粉放入玻璃杯中,然后加水搅拌,待刚出现沉淀时,把混合物慢慢倒出，如杯底下有泥沙，说明豆粕中掺入黄土或沙石。但由于加工工艺不同，黄土可以无沉淀，而只是使水黄色浑浊，也是特征之一。

37. 自配鸡饲料应注意什么问题？

养殖户为了降低饲养成本，提高经济效益都想自己配制饲料。自己配制饲料应注意以下 4 个方面。

(1)以营养标准为基础　养鸡者在配制饲料前应掌握鸡的饲养标准，参照其营养规定值配制配方。一般粗蛋白质应该保持在 20%左右，代谢能 12 600～13 020 千焦/千克。随着鸡日龄的增加，粗蛋白质、代谢能可相应的减少，但不能低于 13%和 11 140 千焦/千克。

(2)注意饲料均衡搭配　为保证营养物质全面，提高饲料利用率和转化率，在配制饲料时应注意合理搭配。一般谷物饲料 2～3 种以上，含量为 45%～60%；饼粕类饲料 15%～25%左右；糠麸类 5%～15%；植物性蛋白质饲料 15%～25%；动物性蛋白质饲料 5%～7%；矿物质饲料 5%～7%；添加剂 1%；外加 20%～30%的青绿饲料。

(3)严格把握饲料品质　如果所选用的饲料品质较差，即使计算符合饲养标准，也不能满足鸡的营养需要，尤其要注意雏鸡不能喂皮壳较硬的饲料和发霉的饲料。

(4)注意粗纤维的含量要适当　幼雏和成年鸡高产期应尽量减少糠麸类青饲料，粗纤维含量一般不超过 5%。

38. 在鸡饲料配方设计中为什么钙磷含量及比例要适当？

钙和磷是鸡生长发育必不可少的营养元素。在饲粮设计过程中不注意钙、磷供应，饲喂高钙低磷或低钙高磷饲料，造成饲料中钙和磷的绝对量不足，致使机体不能摄取所需的钙、磷，其结果必将引起钙、磷不足而发生代谢障碍。动物机体对钙、磷的吸收，不仅决定其含量，还与其之间的比例有关，钙、磷之间具有拮抗关系，它们在吸收时可产生相互抑制作用。因此，饲粮钙、磷之间应保持合适的比例，比值一般为1～2∶1。当磷摄入量不足时，钙、磷比应趋向于1∶1。

39. 怎样正确选购使用全价饲料？

(1)选好厂家和品牌 由于生产饲料的厂家众多，一些生产厂家没有经科学试验即生产全价饲料，甚至生产劣质假饲料，这就要求用户有目的地选择厂家，购买经过试验推广应用的产品。

(2)选择适合饲养对象的全价饲料 目前全价饲料品种繁多，饲养对象各异，并且同一畜禽不同生长阶段有不同型号的全价饲料。购买时一定要按产品说明有针对性地选购，不能张冠李戴。

(3)使用时要适量饲喂，不要过多或过少 应根据畜禽日粮实际需要，分次投料，过多造成消化不良，浪费饲料；过少达不到预期效果，也造成浪费。

(4)切忌重复使用添加剂 全价饲料中已经加入一些常用饲料添加剂，购买时应注意了解其添加物质的种类，避免重复添加该类添加剂。

(5)若要停喂全价饲料应循序渐进，切忌骤然停喂 用全价饲料饲喂幼畜禽后，有的养殖户待幼畜禽稍大后立即改自配料，这样做往往造成幼畜禽厌食，抵抗力下降。因此，更换饲料应逐渐进行，使畜禽慢慢适应，以免发生应激反应。

(6)要生料干喂,切忌加热处理 全价饲料其营养成分全面,营养丰富,直接饲喂即可。若经高温煮熟后,其营养成分会遭到破坏而损失。可先用湿料诱饲,待畜禽适应后再用干料喂,并供应充足饮水。

40. 颗粒料和粉料饲喂肉鸡效果有什么不同?

颗粒料和粉料相比具有减少粉尘,防止挑食及营养组分分层现象,减少饲料的浪费,提高了单位时间的采食量及降低采食中的能量消耗等作用。在某种程度上,这种性能方面的改进是由于饲料摄入量的增加,鸡群饲喂颗粒饲料也使鸡只在采食过程中减少了能量消耗,因而鸡只用于生长发育的能量则相应增加。同时,颗粒料对饲料添加剂意义特别重大,可防止生产饲料及运输中组分分离。此外,可杀灭病原微生物,提高饲料适口性,减少包装运输费用。

41. 在鸡用药期间饲喂饲料应注意什么?

有些饲料和添加剂可以与防治疾病的药物产生拮抗作用,致使药物疗效降低。因此,鸡用药期间应针对性地选用一些饲料和添加剂,以充分发挥药物疗效。

钙制剂与四环素族抗生素拮抗,并影响铁的吸收,故在用四环素族抗生素和铁制剂时应减少或停止使用钙制剂饲料。

棉籽粕可影响维生素 A 的吸收利用。在防治维生素 A 缺乏症时,应停止饲喂棉籽粕。

大豆含有较多的钙、镁等元素,可与土霉素、四环素、强力霉素等结合成为不溶于水且难以吸收的络合物。因此,在用抗生素防治疾病期间,应停喂豆类及其饼粕饲料。

血粉是由家畜血液脱水而制成的,在使用补骨脂、半夏、何首乌、生地黄、熟地等常用中草药时不能与血粉同时使用，否则会产生不良反应。

麦麸是高钙低磷饲料，若用磷过多，可降低铁的吸收。在用硫酸亚铁、枸橼酸铁铵治疗家畜贫血症时，要停喂麦麸。

高粱含鞣酸较多，可使含铁制剂变性，并使碳酸氢钠、次硝酸铋分解，使维生素 B_1 沉淀。

磺胺类饲料添加剂中的硫可加重磺胺类药物对血液的毒性，引起红蛋白血症。在使用硫酸钙、硫酸镁等含硫药物时应停喂此种添加剂。

42. 如何防止饲料发霉变质？

饲料发霉主要是由霉菌引起的。预防饲料发霉可以从以下几方面入手。

一是，加强饲料保存。仓库要干燥清洁，饲料下面有垫底，周围及上方要有空隙，保证空气畅通。

二是，多雨季节，用塑料袋密封贮存饲料，缺氧防霉，抑制霉菌繁殖。

三是，将醋酸和醋酸钠按 2∶1 混合，再加入 1%的山梨醇搅拌均匀，干燥后按 1%的比例混入饲料中，贮存 100 天不会发霉。

四是，每 100 千克饲料加入 100 克丙酸钙或 50 克丙酸钠，搅拌均匀，贮存于水泥池或塑料袋中，也可保存 100 天以上。

五是，每 100 千克混合饲料中加入 50 克净霉，可保存 60 天不霉变。

六是，饲喂时要少喂勤添，料槽要及时清除干净。饲料要常翻动晾晒。

43. 如何处理霉变的饲料原料?

饲料霉变应以预防为主,脱毒处理是不得已而为之的应急手段。以下介绍的几种简易方法也仅适用于轻度发霉的饲料。经处置后宜与正常饲料配合饲喂。

(1)水洗法 将霉料粉成碎粒状,放在容器中加入3～4倍量的清水搅拌,而后静置浸泡,每天换1次净水搅拌2次,直至浸泡的水由茶色变为清亮无色为止。此法适用于谷物子实类饲料。

(2)碾轧法 在受污染的大米中,毒素在米糠里的含量最高,玉米中的毒素有54%～72%集中在谷皮胚部,碾去谷皮和胚部可去掉大部分毒素。若将碎粒玉米先经水浸泡,再碾轧去毒,效果更好。有的地区将玉米碾成3～4毫米碎粒,加水漂洗,霉坏部分的谷皮和胚部较轻,可上浮并随水倾去。

(3)晾晒法 将霉料摊放在阳光下晒干,然后抖松通风,清除霉菌芽胞。此法适用于秸秆饲料去毒。

(4)石灰水浸泡法 将霉料碾成小碎粒,然后按0.8%～1%的比例把干石灰粉掺拌到霉料中,共倒入容器中,再按1份料2份净水的比例倒入净水,搅拌充分后静置6～8小时,将水取出倒掉,另用净水冲洗2～3次,晒干后使用。同样适用于发霉的谷物子实类饲料。

(5)碱煮法 按每100千克发霉子实料加入300升净水和500克苏打粉拌和后水煮。待煮到饲料外皮开裂时停火,再自然冷却后水洗至无碱味为止。

(6)氨水去毒法 在霉料中拌入较大剂量的氨水(按1千克饲料2千克氨水),放在容器中搅拌均匀后用塑料布封严,在常温中静置3天左右启封,再让氨气充分挥发后使用。

(7)热处理法 对于霉变的饼粕类原料,用150℃的温度焙烤30分钟,可使32%～40%的黄曲霉素被破坏。

(8)其他方法 如对已污染玉米赤霉烯酮的饲料可用补充蛋氨酸的方法,添加高于NRC标准30%～40%的蛋氨酸,同时提高日粮中维生素A、维生素E、维生素K添加量及综合营养成分含量,可有效降低毒性效应;或使用饲料添加剂,某些天然的或合成的化合物可以吸附霉菌毒素,降低其在动物体内的毒性,如硅铝酸钙钠、沸石等。为了慎重起见,采取去毒措施之后需要再次检测黄曲霉毒素和玉米赤霉烯酮含量是否在允许标准之内,以免发生事故。

(9)减少毒素与动物接触 即在动物采食之前应对霉变饲料做如下处理:用正常的日粮稀释被污染的日粮,并在最短的时间内使用完;增加日粮营养成分补偿霉菌减少的营养物质;添加霉菌毒素的结合剂来减少毒素的吸收或增加毒素在动物体内的代谢。

五、肉鸡的饲养管理

1. 什么是鸡的人工授精？人工授精有哪些优点？

鸡的人工授精，是利用人工方法将公鸡精液采集出来，又以人工方法将精液注入母鸡生殖道内，使母鸡的卵子受精的方法。它具有以下优点。

(1)人工授精可以少养公鸡，扩大公、母鸡比例，节省饲料、鸡舍，降低成本 人工授精技术可以减少非生产性雄禽的饲养量，其自然交配的雄、雌比例为1∶8～15，而采用人工授精技术后，雄、雌比例为1∶30～40，大大提高了种公鸡利用率，同时利于优秀种公鸡的优良品质迅速在群体中扩散。

(2)提高自然交配受精率低的鸡种的受精率 有的鸡种自然交配的受精率低于人工授精，如乌骨鸡自然交配的受精率为85%，而人工授精的受精率为90%。

(3)提高种蛋合格率 采用人工授精技术，就必须采取笼养的办法，这种饲养方式可以避免平养造成的种蛋污染、破损，提高了种蛋合格率。

(4)提高繁殖力 由于实行人工授精，加大种公鸡的选优力度，可以充分发挥优良种公鸡的作用，提高后代品质。繁殖工作中的记录可提高准确性，可以使优良种公鸡迅速扩群，从而提高了种群的生产水平。

(5)有利于基因库的建立 优秀种公鸡的精液可以在液氮中保存，不受时间、地域的影响，随时在需要的时候取出来繁殖后代。

(6)避免公鸡对母鸡的伤害 大、中型鸡在自然交配时，由于公、母鸡体重相差悬殊，公鸡的趾又很容易伤害母鸡，有60%以上的母鸡都有扎伤。受伤的母鸡屠宰后屠体质量大大降低，实行人工授精就可以避免公鸡对母鸡的伤害。

(7)可以克服不同鸡品种间杂交的困难 实行人工授精可用大型公鸡与小型母鸡杂交。

2. 人工授精的步骤是什么?

(1)采精 采精员站在保定员右侧，左手掌心向下，从公鸡背向尾根处，由轻到重，由慢到快，来回按摩数次。右手中指与无名指夹着采精杯柄，杯口朝外，在左手按摩背部的同时，右手持杯侧腹部向肛门方向贴紧鸡体。当看到公鸡尾巴上翘、肛门外翻时，左手掌心迅速压住尾羽，大拇指与食指跨捏在肛门两侧挤压；同时，右手在腹部柔软部位快速按压，使肛门更明显地向外翻出。当露出生殖突起，有射精动作并随着乳白色精液排出时，右手迅速将采精杯口承接外流的精液。精液排完后，将杯递给收集精液的助手。接精液的助手用吸管将精液吸入比较大的试管内。当精液量达到能在 30 分钟内给母鸡输完的量时，立即给母鸡输精。

(2)输精技巧 操作步骤一般由 3 个人 1 组，两人轮流捉鸡翻肛，一人输精。翻肛人员用左手提住鸡的双腿，右手大拇指与其他四指分开成八字形，伸贴在肛门上下方向偏肛门的左侧，使掌心堵住直肠开口，分开的手指使劲向外开张肛门，拇指挤压腹部，使母鸡产生腹压，肛门会自然外翻，露出阴道开口。注意翻肛时，无须用力挤压腹部，以防粪尿射出。如果轻压时发现有排粪现象，重复几次翻肛动作，使粪便排出，然后再输精。输精数量若用新鲜的未经稀释的精液，一般每只每次输 0.025～0.03 毫升；若用稀释后的精液(1∶1)，一般每只每次输 0.05 毫升即可。输精深度一般宜采用浅部输精，即生殖道部输精，插入生殖道 2～2.5 厘米即可。输精时间在下午 15 时以后开始，到 19～20 时以前结束为最佳。

3. 怎样进行鸡精液的保存与稀释？

(1)稀释 稀释可以扩大精液量，增加输精鸡数；为精子提供营养和保护物质，抑制有害物质繁殖；便于精液的保存和运输。常用稀释液有：生理盐水、5.7%的葡萄糖液、蛋黄-葡萄糖液。

(2)保存 如果是短时间内(72 小时内)保存精液，保存温度应为 2℃～5℃，如果在 0℃以下保存，会造成精子冷休克，即便恢复到适温条件，精子也因不再复苏而丧失活力。如果要长期保存，应先将采得的精液按 1∶3 稀释，置于 5℃下冷却 2 分钟，再加入 8%甘油或 4%二甲基亚砜，在 5℃下平衡 10 分钟，然后用固体二氧化碳(干冰)或液氮进行颗粒或安瓿冷冻，冷冻后存放于液氮(－196℃)中。

4. 影响受精率的因素有哪些？

(1)种公鸡饲养管理 精液品质的优劣是决定种蛋受精率的先决条件，而种公鸡饲养条件的优劣又直接影响到精液的品质，因此种公鸡的饲养管理非常重要。如果说健康的鸡雏是养好种鸡的基础的话，则育成期的充分运动则是保证公鸡质量的关键一步，种公鸡从育雏时就应加强体质锻炼，有条件的鸡场最好在进入产蛋鸡舍之前一直平养种公鸡，饲养密度不能过大，保证公鸡有充分运动的空间，将来公鸡成鸡阶段的体质就好，精液品质就好，抵抗外界应激能力就强。在进入成鸡舍之后，为了减少争斗，最好单独饲养，1只1笼或2只1笼，3只公鸡1笼会严重影响公鸡的精液品质。在采精阶段，人工采精对公鸡的应激很大，频繁的采精刺激常导致公鸡的食欲降低，没有母鸡那样旺盛的食欲，种公鸡的水槽应坚持每日擦洗干净，一日多次加入干净的清水。饲料少放勤添，严防发霉。在采精的开始阶段，饮用补液盐、宝矿维等电解质、维生素类药物来减缓应激。

(2)公鸡饲料的营养成分应坚持低蛋白质、高品质的原则

即公鸡的能量需要和母鸡基本一致，蛋白质水平要低于16%～18%的产蛋母鸡的营养水平，正常12%～14%的水平就可满足采精的需要，但品质要好，各种氨基酸的组成要合理，可以在饲料中加入一定量高品质鱼粉、鱼精粉等动物蛋白质饲料。

(3)种母鸡的饲养管理　第一次输精之前，饮用补液盐等来减缓应激。饲料中维生素的添加量很重要，种鸡的需要量是商品鸡的3～4倍。所以，应使用专用多种维生素，若用商品蛋鸡的多种维生素，维生素的剂量应加大至商品鸡的3～4倍，特别是维生素A、维生素B、维生素D、维生素E等成分必须满足。

(4)人工授精技术　公鸡在作种用前应训练采精，形成固定的采精反射。首先剪去公鸡泄殖腔周围的羽毛，便于收集精液，公鸡一般经过10天左右4～5次的采精训练后可形成条件反射；同时做好精液品质的评定工作，通过精液多少和精子活力高低，便可以确定公鸡的取舍。人工授精之前公、母鸡比例在1∶20为好。若公鸡体质好，单笼饲养时公、母比例还可以大一些，采精和输精过程要求饲养员认真负责，动作不要粗暴，采精翻肛手法正确，用力合理，配合默契。一般在公鸡采精之前、母鸡人工授精之前都要停止饮水，保证公鸡的精液不被污染和翻肛时粪便污染，采用原精输精的鸡场，采出的精液一般要 30 分钟内输完，要在下午 15 时之后输精，这样能保证较高的授精率，刚开始输精时，输精任务重，可以加班加点进行，不可提前输精，基本上保证每 4 天输精 1 次，首次输精必须连续输 2 天以上或首次加倍输精。

总之，为了保持较高的授精率，公鸡、母鸡的体质情况，饲养管理状况最为重要，这是保证较高的授精率和孵化率的重要前提；然后是规范的人工采精和授精技术，这是较高的孵化率的保证。

5. 如何对种蛋进行选择?

种蛋质量的优劣，不仅是决定孵化率高低的关键因素，而且对雏鸡质量、成年鸡成活率及生产性能等都有较大的影响。因此，孵化前必须对种鸡蛋严格地选择。

(1)种蛋的来源 种蛋品质的优劣，首先是由遗传和饲养管理决定的。种鸡群生产性能良好，遗传性能稳定，是保证种蛋品质良好及下一代雏鸡、成年鸡生产性能良好的基础。因此，选择种蛋时，要求种蛋必须来源于生产性能稳定，高产，繁殖性能强且无经蛋传播疾病的种鸡群；同时要求种鸡群有良好的饲养管理条件，而且公、母鸡比例适当。另外，还应考虑鸡群的繁育方式。具有杂种优势的种蛋，胚胎生活力强，孵化效率高。

(2)种蛋的新鲜程度 种蛋保存时间越短，蛋内的营养物质变化越小，对胚胎生活力的影响越小，出雏率越高，其中以产后 3～5 天的蛋最好；一般不超过 1 周作为种蛋较为合适，15 天的种蛋孵化率降低为 44%～56%，出壳时间推迟 4～6

小时;1 个月的种蛋失去孵化能力。此外,还应注意,种蛋的新鲜程度除与保存时间有关外,还与保存温度和方法密切相关。

(3)蛋的形状和大小 种蛋应选择大小合适,椭圆形。蛋重还要符合品种标准,过大则孵化率降低,过小则孵出的雏鸡弱小。过长、过圆或其他的畸形蛋,不宜用于孵化。

(4)蛋壳的结构 蛋壳要求致密均匀,表面正常,厚薄适度。蛋壳过薄或气孔非常多的蛋孵化效果不佳,主要是因为蛋中的水分在孵化过程中散失过多。相反,蛋壳过厚,孵化时蛋内水分蒸发过慢,则胚胎的气体交换受阻,也影响到孵化率。一般蛋壳厚度要求为 0.33～0.35 毫米。

(5)蛋壳清洁度 合格种蛋的蛋壳,不应被粪便或破蛋液污染。用脏蛋入孵,不仅本身孵化率很低,而且污染了正常种蛋和孵化器,增加腐败蛋和死胚蛋,导致孵化率降低和雏鸡质量下降。轻度污染的种蛋可以入孵,但要认真擦拭或用消毒液洗去污物。

6. 怎样保存种蛋?

(1)种蛋贮存室的要求 蛋库要求无窗,空气清新,四壁隔热,防尘,杜绝蚊蝇、鼠害,大型蛋库应有空调设备,以便控温。要将种蛋码放在蛋盘内,蛋盘置于蛋盘架上,定时翻蛋,并使蛋盘四周通气良好。

(2)保存温度 家禽胚胎发育的临界温度是 23.9℃,高于这一温度,胚胎就开始发育,但这种发育是不完全和不稳定的,容易造成胚胎早期死亡。低于这一临界温度,胚胎处于静止休眠状态。但温度过低时,胚胎生活力下降,低于 0℃时,胚胎因受冻而失去孵化能力。因此,孵化前种蛋的保存温度不能过高或过低。一般建议将种蛋保存于15℃，但根据保存时间的长短应有所区别。种蛋保存3～4天的最佳温度为22℃；保存4～7天的最佳温度为16℃；而保存7天以上者，应维持在12℃。

(3)保存湿度 种蛋贮存期间，蛋内水分通过气孔不断向外蒸发，其蒸发速度与贮存室的空气相对湿度呈反比。种蛋保存湿度过低，则蛋内的水分损失过多，气室增大，蛋失重过多，势必影响孵化率；湿度过高，易引起蛋面回潮，种蛋易发霉。鸡蛋保存适宜的空气相对湿度为75%～80%。

(4)翻蛋 种蛋在贮存期间，为防止胚胎与壳膜的粘连，以至胚胎早期死亡，必须进行翻蛋，也称转蛋。一般认为种蛋保存时间在1周以内，不必进行翻蛋，保存时间超过1周时，可每天定时翻蛋1～2次。

(5)保存时间 种蛋保存时间越短，对提高孵化率越有利。在适当温度条件下，保存时间一般不应超过7天。如果种蛋需要保存时间较长，可将种蛋装在不透气的塑料袋内，填充氮气，密封后放在蛋箱内。氮气可以阻止蛋内物质和微生物的代谢，防止水分的过分蒸发，使种蛋保存期延长至3～4周，孵化率仍可达到75%～78%。

7. 对种蛋消毒时，常用的方法有哪些？

(1)甲醛熏蒸消毒法 甲醛(40%的甲醛水溶液通常称为“福尔马林”)熏蒸消毒法效果好，操作简便。对清洁度较差或外购的种蛋，每立方米用42毫升福尔马林，加21克高锰酸钾，在温度20℃～26℃，空气相对湿度60%～75%的条件下，密封熏蒸20～30分钟，可杀死蛋壳上95%～98.5%的病原体。为了节省用药量，可在蛋盘上罩塑料薄膜，以缩小空间。

在入孵器里进行第二次消毒时，每立方米用福尔马林28毫升，高锰酸钾14克，熏蒸20分钟。

使用甲醛熏蒸消毒时应注意以下几方面：①上述药物有很大的腐蚀性，化学反应剧烈。因此，应用陶瓷或玻璃容器盛装，先加少量温水，再加高锰酸钾，最后加福尔马林，顺序不要颠倒，保护好皮肤和眼睛。②种蛋从蛋库或鸡舍送到孵化厂消毒室后，如蛋壳表面凝结有水珠，应让水珠蒸发后再消毒，否则对胚胎不利。③种蛋在孵化器里消毒时，应避开24～96小时胚龄的胚蛋。

(2)新洁尔灭喷洒消毒法 取5%的新洁尔灭原液，加50倍40℃的温水，配成0.1%的消毒液，用喷雾器喷洒在种蛋表面，约经5分钟药液干燥后，即可入孵或送入蛋库。该溶液切忌与肥皂、碱、高锰酸钾等配用，以免失效。

(3)百毒杀喷雾消毒法 百毒杀是含有溴离子的双链四级胺化合物，对细菌、病毒、霉菌等均有消毒作用，没有腐蚀和毒性。孵化机与种蛋消毒，可在每10升水中加入50%的百毒杀3毫升，进行喷雾消毒。

(4)碘液消毒法 将种蛋置于0.1%的碘液中浸泡30～60秒，取出沥干装盘。碘溶液的配制方法：碘片10克，碘化钾15克，二者同溶于1 000毫升的清水中，然后再倒入9 000毫升的清水中即可。浸泡种蛋10次后，溶液中的碘浓度会降低；如需再用，则可延长浸泡时间，或者更换新碘液。

种蛋的消毒方法很多，但迄今为止仍以甲醛熏蒸消毒法和新洁尔灭消毒法最为普遍。这是因为它们的消毒效果良好，又便于操作。

8. 在种蛋孵化过程中，怎样掌握种蛋的孵化条件？

优质肉鸡种蛋在孵化过程中，其胚胎在母体外的发育，完全依靠外界条件，如温度、湿度、空气、翻蛋和晾蛋等。孵化条件是否适宜，直接影响胚胎的生长发育。

(1)温度 温度是孵化最重要的条件，它决定胚胎的生长、发育和生活力。只有保证胚胎正常发育所需要的适宜温度，才能获得高孵化率和健康雏鸡。温度过高、过低都会影响胚胎的发育，严重时可造成胚胎死亡。通常立体孵化器孵化鸡的温度为 36.9℃～37.8℃，但在胚胎发育的不同阶段，对温度的要求有差异。

(2)湿度 对湿度的要求不如温度要求那样严格。适宜的湿度可以保证较高的孵化率。湿度过高，影响蛋内水分正常蒸发，雏鸡腹大，脐部愈合不良；湿度过低，蛋内水分蒸发过多，容易引起胚胎和壳膜粘连，引起雏鸡脱水。孵化期间，湿度掌握的原则是："两头高，中间低"。

(3)通风换气 胚胎在发育过程中，除最初几天外，都必须不断地与外界进行气体交换，而且随着胚龄增加而加强。尤其是孵化 19 天以后，胚胎开始用肺呼吸，其耗氧量更多。只要孵化器通风系统设计合理，操作正常，孵化空气新鲜，一般二氧化碳不会升高。通风、温度、湿度之间有密切的关系，应注意不要通风过度。

(4)翻蛋 翻蛋的目的是改变胚胎方位，防止胚胎粘连，促进胚胎运动，特别是在孵化前、中期更为重要。由于孵化用具不同，翻蛋方法、次数、角度也不同。

(5)晾蛋 晾蛋是指种蛋孵化到一定的时间，关闭电热甚至将孵化器门打开，让胚蛋温度下降的一种孵化操作程序。其目的是驱散孵化器内余热，让胚胎得到更多的新鲜空气。在一般情况下，只要孵化室设计合理，具有良好通风系统的电孵机，在机内温度正常时可不进行晾蛋。

(6)孵化场的卫生 经常保持孵化场地面、墙壁、孵化设备和空气的清洁卫生。做好宣传教育工作，让孵化场的全体工作人员认识孵化场卫生防疫工作的重要性，并制定严格的卫生防疫制度，定期检查各项防疫制度的执行情况。加强消毒，工作人员进场前，必须经过淋浴消毒，更换本场防疫服、鞋、帽，并踏进消毒盆后方可进入孵化场。运种蛋和接雏人员严禁进入孵化场，更不许进入孵化室，以免交叉感染。

9. 在孵化过程中怎样翻蛋?

翻蛋的目的在于变换胚胎的位置，使胚胎受热均匀，防止胚胎与壳膜粘连，促进胚胎活动，提高胚胎生命力。通过翻蛋还可以增加卵黄囊血管、尿囊血管与蛋黄、蛋白的接触面积，有助于胚胎营养的吸收。翻蛋次数与温差有关，当机内温差在±0.28℃时，每昼夜翻蛋 4～6 次即可；如果温差在±0.55℃时，翻蛋次数要增加到每 2 小时 1 次。如有自动翻蛋装置的孵化机每 1～2 小时翻蛋 1 次为好。翻蛋角度要大，一般不小于 90°。如果用火炕、平箱、电褥子等孵化方法，翻蛋也是根据蛋温确定，一般 4 小时翻蛋 1 次，如刚入孵后 1～2 天内，蛋温偏高，可每 2 小时翻蛋 1 次。

10. 在孵化过程中，对孵化温度的要求有哪些?

温度是孵化最重要的条件，它决定胚胎的生长、发育和生活力。只有保证胚胎正常发育所需的适宜温度，才能获得高孵化率和健康雏鸡。一般情况下，鸡胚的适宜温度为36.9℃～37.8℃。温度过高、过低都会影响胚胎的发育，严重时可造成胚胎死亡。如果孵化温度超过42℃，经2～3小时后即造成胚胎死亡；相反，孵化温度低，胚胎发育迟缓，孵化期延长，死亡率增加。如果温度低至24℃时，经30小时胚胎便全部死亡。

通常立体孵化器孵化鸡种蛋的温度为36.9℃～37.8℃，但在胚胎发育的不同阶段，对温度的要求有差异。孵化前期，胚胎物质代谢处于低级阶段，只产生少量的热，尚无调节体温功能，要稍高而稳定的孵化温度以刺激糖类代谢，促进胚胎发育。但温度不能过高，尤其在2～3日龄时，温度过高，易使心脏紧张，血管过劳，而导致血管破裂，发生所谓“血圈蛋”的死胚。孵化中期，胚胎的物质代谢日趋复杂，脂肪代谢增强，产热渐多，要相应降低孵化温度。孵化后期，胚体增大，脂肪代谢剧烈，产生大量的热。此时蛋温可比孵化期内温度高1.9℃～3.3℃，如不降温，就会妨碍胚胎体热的散发，并产生大量乳酸等有害代谢产物，从而导致胚胎死亡。使用立体孵化器时，温度要求是：孵化前期温度为37.8℃，孵化中期为37.4℃，孵化后期为37.1℃～37.2℃。这种根据胚胎发育不同阶段的需要而施温，通常称为“变温孵化”。如果种蛋数不足，需隔3～5天入孵1批，使一台孵化器内有数批不同日龄的胚蛋，孵化温度应控制在37.5℃～37.8℃，至18～19日龄后移入出雏器内，出雏器内温度为37℃～37.2℃。这种施温程序通称“恒温孵化”。在孵化实践中，孵化温度还受孵化机类型、性能、种蛋类型以及外界气温等因素的影响，需视具体情况灵活掌握。

11. 在孵化过程中，对孵化湿度的要求有哪些？

湿度也是种蛋孵化的重要条件之一，但对湿度的要求不如温度要求那样严格。适宜的湿度可以保证较高的孵化率。

湿度对胚胎发育的作用主要体现在以下几方面：①适宜的湿度可调节蛋内水分的蒸发，并与胚胎物质代谢有关。②适宜的湿度可使胚蛋受热均匀。③在出壳时，一定的湿度使蛋壳中的碳酸钙变为碳酸氢钙，壳变脆，利于雏鸡啄壳、破壳。

湿度过高，影响蛋内水分正常蒸发，雏鸡腹大，脐部愈合不良；湿度过低，蛋内水分蒸发过多，容易引起胚胎和壳膜粘连，引起雏鸡脱水。孵化期间，湿度掌握的原则是："两头高，中间低"。孵化前期要求稍大的湿度使胚胎受温良好，并减少蛋中水分蒸发而利于形成胚胎的尿囊液和羊水，此期适宜空气相对湿度为55%～60%。孵化中期，随着胚胎发育，胚体增大，需排出尿囊液、羊水以及代谢产物，故需降低空气相对湿度至50%～55%，以利于胚蛋中水分的蒸发。孵化后期，为了促进胚胎散发体热，防止胚胎绒毛与壳膜粘连，并使蛋壳变脆，利于胚胎破壳出雏，应提高空气相对湿度至65%～70%。采用"恒温孵化"时，所给的空气相对湿度在孵化期内应为53%～57%，出雏器内应为65%～70%。无论"变温孵化"或"恒温孵化"，当雏鸡出壳达10%～20%时，应将空气相对湿度提高至75%以上，以便雏鸡顺利出壳。

12. 在孵化过程中，对通风换气的要求有哪些？

胚胎在发育过程中，不断进行气体交换，吸收氧气，排出二氧化碳，孵化过程中通风换气，可以不断提供胚胎需要的氧气，及时排出二氧化碳，还可起到均匀机内温度，驱散余热等作用。早期的胚胎主要通过卵黄囊血管利用卵黄中的氧气。胚胎发育到中期，气体代谢是依靠尿囊，通过气孔直接利用空气中的氧气；孵化后期，胚胎开始肺呼吸，耗氧量和二氧化碳排出量，大量增加。据测定，每个胚蛋的耗氧，孵化初期为0.51毫升/小时，第17天达17.34毫升/小时，第20～21天达到0.1～0.15升/小时，整个孵化中总耗氧4～4.5升，排出二氧化碳3～5升。一般要求氧气含量不低于20%，二氧化碳含量0.4%～0.5%，不能超过1%。若孵化机内二氧化碳含量超过1%，孵化率下降15%，如不及时改善通风换气，畸形、死胚蛋会急剧增加。在实践中，孵化器通风装置提供的新鲜空气远比实际需要量多，只要通风系统运转正常，正确控制进出气孔，一般不会发生氧气不足和二氧化碳浓度过高的问题。若采用整批孵化，在孵化前期可以不开或少开通气孔，随着胚胎日龄的增加，再逐步加大或全部打开通气孔。通风与温度、湿度的控制有密切的关系。通风不良，空气不流通，湿度增大，温度不均匀；通风量过大，温度、湿度又不易保持。因此，应合理地调节通风换气量。

13. 在孵化过程中，对晾蛋的要求有哪些？

晾蛋的主要目的是散发多余的热量，调节温度，防止胚蛋超温。胚胎发育到中后期，由于体内物质代谢特别是脂肪代谢加强，产生大量体热，可使孵化箱内温度升高，胚胎发育加快，这时就需要通过晾蛋来散发过多热量，降低蛋温，排除胚胎代谢的污浊气体，并以较低的温度来刺激胚胎，增强胚胎对外界气温的适应能力。在一般情况下，只要孵化室设计合理，具有良好通风系统的电孵机，在机内温度正常时可不进行晾蛋。人工孵化，如火炕孵化、电褥子孵化等，温度很难保持恒定，通气不佳，需结合翻蛋进行晾蛋，每昼夜晾蛋2～4次。晾蛋的时间应根据季节和蛋温灵活掌握，寒冷季节晾蛋时间不宜过长，热天应该多晾，以蛋温不低于32℃为宜，一般可用眼皮试温，即以蛋贴眼皮，稍感微凉即可。每次晾蛋时间约20分钟左右。

14. 在孵化过程中，对孵化设备的要求有哪些？

(1)机体 由四壁（包括前、后机门）和机顶、机底构成。一般选用坚实或经过防潮处理的木材制作，现代化大型孵化机多采用铁皮制作，以防受潮变形。机壁的空隙间填充聚苯乙烯泡沫或矿渣棉，以便保温。

(2)蛋盘 分孵化蛋盘和出雏盘两种。

(3)电热丝 电热丝是电孵化机的热源，通过它可以提高孵化机内孵化所需要的温度。一般孵8 000枚种蛋的孵化机有两组电热丝，每组500瓦；孵16 000枚种蛋的孵化机有4组电热丝，每组也是500瓦。目前，孵化机多采用电热管或远红外棒作热源，分基本热源和辅助热源两部分。

(4)调节器 为保持机内温度平衡，机内安装自动控制温度的调节器。调节器由膨胀饼与顶钉两部分组成，饼内装有乙醚。当温度升高到超过要求的温度时，它就膨胀，推动顶钉，顶开电源，电热丝就停止供热，绿灯亮；温度低了它就收缩，顶钉退回，电源接通，电热丝又开始供热，红灯亮。调节器一定要灵敏，在孵化之前就要调整好，并把温度调到37.8℃。误差不能超过0.5℃，不然，就要重新调整。目前，孵化机多采用水银导电温度计、电子继电器、热敏电阻、电子温度调节器等，都比较准确、安全，操作方便。

(5)风扇　由于电热丝安装在机内上部或下部，所以要用电动机带动风扇，把温度扇匀。

(6)警铃　由温度调节器(即水银导电表)、电铃和红、绿指示灯组成，作超温或低温报警。当机温偏离规定的温度±0.5℃～1℃时，即发出警讯，以便工作人员排除故障。

(7)翻蛋装置　滚筒式或跷板式孵化器的翻蛋装置，由设在孵化器外侧壁连接滚筒或跷板的扳手及扇形厚铁板支架构成，采用人工扳动扳手，使“圆筒”做前或后转45°角。有的采用时间继电器来控制自动翻蛋装置，进行孵化。

(8)进、出气孔　分别设在机门和顶部，是新鲜空气进入、废气排出的孔洞。

(9)水盘　用镀锌铁皮制成，装水后用于孵化调节湿度，湿度的大小可用水盘的多少和加水多少来调节。

(10)温度计和湿度计　为了准确控制机内的温度和湿度，机门上挂有温度计和湿度计。

(11)出雏装置　是雏鸡破壳出雏的装置分3种形式，有设在孵化机下部的，有在孵化机旁边的，也有单设出雏装置的。这种单设出雏装置，便于控制温度、湿度和清扫消毒等工作。

(12)照明设备　机内安装照明灯。

15. 在孵化过程中，遇到停电怎么办？

第一，要立即启动备用发电机，如果没有发电机，工作人员要根据当时的气温，预计停电时间的长短及鸡胚日龄做出一系列的应急措施。当室内温度较低，停电时间又短，如果停电时间在4小时之内，可不采取任何措施；当停电时间长，就应在室内增加取暖设备，迅速将室温提高至32℃。如果也有临出壳的胚蛋，但数量不多，处理办法与上述同。如果出雏箱内蛋数多，则要注意防止中心部位和顶上几层胚蛋超温，发觉蛋温烫眼时，可以调一调盘。

第二，气温超过 25℃，电孵机内的鸡蛋胚龄在 10 天以内的，停电时可不必采取什么措施；胚龄超过 13 天时，应先打开门，将机内温度降低一些，估计将顶上几层蛋温下降 2℃～3℃（视胚龄大小而定）后，再将门关上，每经 2 小时检查 1 次顶上几层蛋温，保持不超温就行了，如果是出雏箱内开门降温时间要延长，待其下降 3℃以上后再将门关上，每经 1 小时检查 1 次上层蛋温，发现有超温趋向时，调一下盘，特别注意防止中心部位的蛋温超高。如果用眼试蛋温，发现烫眼，说明温度太高，要调换蛋盘在机器内的位置。气温超过 30℃停电时，机内如果是早期的蛋，可以不采取措施，若是中、后期的蛋，一定要打开门（出、进气孔原先就已敞开），将机内温度降至 35℃以下，然后酌情将门关起来（中期的蛋）或者门不关紧，稍留一条缝。若停电时间较长，或者是停电时间不长，但几乎每天都有规律地短期停电（如 2～3 小时），就得酌情每天或每 2 天调盘 1 次。

第三，若每天经常短期停电，为了弥补由于每天停电所造成的温度偏低，平时的孵化温度应比正常所用的温度标准高 0.28℃左右。这样，尽管每天短期停电，也能保证鸡胚在第 21 天出雏。

16. 如何对孵化效果进行检查？

种蛋在孵化过程中，经常照蛋、称重、解剖，以及啄壳出雏时的一系列检查，目的是随时发现孵化不良的现象并查明原因，及时改进种鸡的饲养管理和孵化条件，保持良好的孵化成绩。常用的检查方法如下：

(1)照蛋 照蛋的目的是检查孵化期间鸡胚胎的发育情况，检查孵化条件是否适宜；同时还可剔除无精蛋、死胚蛋，有助于更好地改进孵化条件，提高孵化成绩。照蛋动作要稳、准、快，尽量缩短照蛋时间，有条件的孵化室应设立照蛋室并提高照蛋室的温度，防止低温对胚蛋的不良影响。在孵化过程中一般照蛋2～3次，第一次照蛋在5～6天进行，应注意胚胎的发育情况，及时剔除无精蛋、死胚蛋。此时发育正常的胚胎，其血管网鲜红，无精蛋则蛋内透明，有时呈现出黑影(蛋黄)；死胚蛋则见有血圈或血线，有时可见死亡的胚胎，但无血管扩散，蛋白颜色较淡。第二次照蛋在10～11天进行，目的是抽检孵化器中不同位置胚蛋的胚胎发育情况，调整孵化条件。正常的胚蛋内布满血管，气室大而界限分明，尿囊在小头"合拢"。第三次照蛋在18～19天进行，目的是检出死胎蛋，确定出雏期和孵化条件。正常胚蛋气室倾斜，内有黑影闪动，除气室外，胚胎占满蛋的整个容积，尿囊血管网不明显。

采用巷道式孵化器一般不照蛋或只在移盘时照蛋1次。

(2)蛋重的变化 随着胚龄的增加，胚蛋由于水分的蒸发，蛋白、蛋黄营养物质的消耗，胚蛋重量按照一定比例减轻，通常孵化第六天胚蛋失重1.5%～2%，第12天失重7.5%～9%，第19天失重12%～14%。在孵化过程中可以抽样称重测定。一般有经验的孵化人员，可以根据气室大小的变化和后期气室形状，来了解孵化湿度和胚胎发育是否正常。

(3)啄壳和出壳的观察 移盘和出雏时观察胎儿啄壳和出雏时间，啄壳形状以及大批出雏和结束出雏的时间是否正常，借以检查胚胎发育情况。

(4)出雏时的检查 如出雏时间正常，啄壳整齐，出壳持续时间(开始出壳至全部出完为止)约40小时,死胚蛋(毛蛋、脚蛋)的比例约为10%,说明温度掌握得当或基本正确。死胚蛋超过15%,二照胚胎发育正常,出壳时间提早,弱雏中有明显“胶毛”现象,这是二照后温度太高造成的。如果死胚蛋集中在某一胚龄时致死,显然说明温度太高。二照胚胎发育正常,出壳时间推迟,弱雏较多,体软肚大,死胎比例明显增加,这说明是二照后温度偏低所造成的。

(5)死胚的观察和剖检 剖检死胚可能会查明胚胎死亡的原因。种蛋品质不良或孵化条件不适当时,死胚往往出现许多病理变化。检查时,首先观察胎位是否正常,各组织器官的出现和发育情况,孵化后期还应观察皮肤、内脏是否充血、出血、水肿等,综合判断死亡的原因,必要时将死胚蛋做微生物检验,检查种蛋品质,是否感染有传染性疾病。

17. 在孵化过程中,胚胎死亡的分布如何?

在鸡的孵化中,不可避免地会出现鸡胚胎死亡现象,无论是高孵化率鸡群,还是低孵化率鸡群。一般情况下,鸡的胚胎死亡在整个孵化期并不呈均匀分布,应明显存在两个胚胎死亡高峰。第一个鸡胚胎死亡高峰在2～4胚龄,正常情况下,这个时期的死亡数占孵化全期总死亡数的15%左右;第二个鸡胚胎死亡高峰在19～21胚龄,正常情况下,这个时候的死亡数占孵化全期总死亡数的50%左右。通常高孵化率鸡群鸡胚死亡主要发生在第二个死亡高峰期(19～21胚龄),而低孵化率鸡群两个死亡高峰期中死亡数量相差不多。

18. 怎样根据死亡胚龄和剖检观察确定死亡原因?

第一个鸡胚胎死亡高峰期处于鸡胚胎迅速发育及鸡胚形态发生显著变化,各种胎膜相继形成期间,从某一角度看,这期间死亡原因多数是与种蛋内部品质有关,是遗传因素与饲养管理因素各自或共同造成鸡胚死亡。第二死亡高峰期是处于鸡胚从尿囊呼吸过渡到肺呼吸的关键时期,是一个重大的生理转折期,这时鸡胚也易感传染病,对孵化条件要求更严格,将有一部分弱胚无法顺利破壳而出。从另一个角度看,孵化期的温度、湿度、转蛋、通风换气等外部条件对第二个死亡高峰影响大。通常情况下,造成鸡胚胎死亡的原因是复杂的,往往都是多种原因共同作用的结果。

19. 如何评价孵化成绩?

(1)受精率(%) 指受精蛋数(包括死精蛋和活胚蛋)占入孵蛋的比例。鸡的种蛋受精率一般在90%以上,高水平可达98%以上。

(2)死精率(%) 通常统计头照时的死精蛋数占受精蛋的百分比,正常水平应低于2.5%。

(3)受精蛋孵化率(%) 出壳雏禽数占受精蛋比例,统计雏禽数应包括健、弱、残和死雏。一般鸡的受精蛋孵化率可达90%以上。此项是衡量孵化厂孵化效果的主要指标。

(4)入孵蛋孵化率(%) 出壳雏禽数占入孵蛋的比例,高水平达到87%以上。该项反映种禽繁殖场及种禽场和孵化厂的综合水平。

(5)健雏率(%) 健雏占总出雏数的百分比。高水平应达98%以上,孵化厂多以售出雏禽视为健雏。

(6)死胎率(%) 死胎蛋占受精蛋的百分比。死胎蛋一般指出雏结束后扫盘时的未出壳的胚蛋。

除上述几项指标外,为了更好反映经济效益,还可以统计受精蛋健雏孵化率、入孵蛋健雏孵化率、种母鸡提供健雏数等。

20. 怎样选择优质的健雏?健雏和弱雏的标准都是什么?

种蛋的品质有好有差,出壳后雏鸡就必然有强有弱,选择健康的雏鸡是提高育雏率、培育出优良种鸡和商品肉鸡的关键一环。对初生雏鸡的选择可以通过查系谱、查出壳时间、查雏鸡外表形态的办法来鉴别其强弱优势。健雏和弱雏的标准如下:

(1)健壮雏鸡的标准

准时出壳,在正常孵化的情况下,一般是21天出壳,并在24小时内出壳完毕。

雏鸡富有活力,活泼好动,对周围环境反应敏感,眼大有神,腿结实,脚趾和胫部光泽油亮,绒羽整洁、致密柔软,肛门周围没有粪便粘着。

脐部收缩良好,没有出血痕迹,腹部柔软、大小适中。

手握时强力挣扎,叫声清脆。

体重合乎标准,个体大小均匀一致。

(2)弱雏的表现

出壳延迟至21天以后,且无明显出雏高峰。

雏鸡活力弱,嗜睡,脚无力,眼无神,胫和趾发暗无光,绒羽沾污、蓬松,畏寒,开食晚,食欲差。

脐部愈合不良,脐口封闭,腹部膨胀,或硬或稀软波动。

手握时无力挣扎，叫声微弱。

体重大小不一。

21. 在接运雏鸡时应注意哪些方面的问题?

(1)接雏时间 应在雏鸡羽毛干燥后开始，至出壳后36小时结束，如果远距离运输，也不能超过48小时，以减少中途死亡。

(2)装运工具 运雏时最好选用专门的运雏箱(如纸箱、塑料箱、木箱等)，规格一般长60厘米、宽45厘米、高20厘米，内分2个或4个格，箱壁四周适当设通风孔，箱底要平而且柔软，箱体不得变形。在运雏前要注意运雏箱的清洗和消毒，根据季节不同每箱可装80～100只雏鸡。

(3)装车运输 主要考虑防止缺氧闷热造成窒息死亡或寒冷冻死，防止感冒、腹泻。装车时箱与箱之间要留有空隙，确保通风。夏季运雏要注意通风防暑，避开中午运输，防止烈日暴晒发生中暑死亡，冬季运输要注意防寒保温，防止感冒及冻死；同时，也要注意通风换气，不能包裹过严，防止闷死。春、秋季节运雏气候比较适宜，春、夏、秋季节运雏要备有防雨用具。如果天气不适而又必须运雏时，就要加强防护措施，在途中还要勤检查，观察雏鸡的精神状态是否正常，以便及早发现问题及时采取措施。无论采用哪种运雏工具，要做到迅速、平稳、尽量避免剧烈震动，防止急刹车，尽量缩短运输时间，以便及时开食、饮水。

(4)雏鸡的安置 雏鸡运到目的地后，将全部雏鸡盒移入育雏舍内，分放在每个育雏器附近，保持盒与盒之间的空气流通，把雏鸡取出放入指定的育雏器内，再把所有的雏鸡盒移出舍外，对一次性的纸盒要烧掉；对重复使用的塑料盒、木盒等应清除箱底的垫料并将其烧掉，下次使用前对雏鸡盒彻底清洗和消毒。

22. 健康高效饲养管理的总体原则有哪些？

(1)根据各种鸡不同的生理特点，提供适合的饲养管理条件 如分阶段设计饲料配方，满足鸡群营养需要，提高饲料转化率；科学合理地规划养殖规模；提高生产技术水平。

(2)实行全进全出的管理制度，科学免疫与规范用药 选择科学适宜的防疫措施，科学制定用药程序，提高畜禽成活率和出栏率。

(3)创造良好的生活环境 按照鸡群在不同生长阶段的生理特点，控制适当的温度、湿度、光照、通风和饲养密度，尽量减少各种应激反应，防止惊群的发生。

(4)做好废弃物的处理工作 养鸡场的废弃物包括鸡粪、死鸡和孵化房的蛋壳、绒毛、死残雏等，要及时清除处理。

(5)做好日常观察工作，随时掌握鸡群健康状况 逐日观察鸡群的采食量、饮水表现、粪便、精神、活动、呼吸等基本情况，统计发病和死亡情况，对鸡病做到“早发现、早诊断、早治疗”，以减少经济损失。

23. 肉鸡日常管理如何进行？

日常管理鸡群是肉鸡管理的一项重要工作，养鸡者可随时了解鸡群生长的环境，鸡只的健康与饮食情况，以便加强管理。

(1)给水、加料要及时合理 每天应根据鸡群的日龄及天气状况，及时供给充足的清洁饮水，防止缺水后出现暴饮现象；饲料要做到少给勤添，20 日龄前，每天可喂 10 次左右，以后随着日龄的增加，给料次数可减少，但每天给料次数不应少于4次，这样既可刺激鸡的食欲，又可保持饲料的干净和减少饲料浪费。

(2)适宜的温度 温度是影响雏鸡成活率的关键。第一周鸡舍温度应保持在33℃～35℃，以后每周下降1℃～2℃，最后保持在22℃左右，温度以鸡群散布均匀、精神良好、活动自由为宜。在生产实践中，应根据鸡群的行为来判断温度是否适宜，若鸡群远离热源、张口呼吸、饮水增加，则温度过高；若鸡群拥挤扎堆、发生尖叫、靠近热源，则温度过低。

(3)适宜的湿度 鸡舍内空气相对湿度应控制在60%～70%，湿度过大，细菌繁殖快，鸡群容易感染疾病，此时应加强通风，以降低湿度；湿度过低，鸡体内水分散失增多，空气中尘埃增加，鸡只易发生呼吸道疾病，此时可用喷雾器向鸡舍地面喷水，以增加湿度。

(4)合理的光照制度 采用先强后弱的光照制度：7日龄前每天光照23小时，8日龄后可逐渐减少直到自然光照。光照强度：1～14日龄每20平方米安装1只60瓦的白炽灯，15日龄以后安装1只40瓦白炽灯。

(5)合理换气 舍内由于鸡群的呼吸及鸡粪的酵解而产生大量的二氧化碳、硫化氢、氨气等有害气体，冬季由于养殖户片面追求保温而忽视通风换气，舍内空气恶化现象十分严重，常诱发鸡群发病，故应根据鸡舍内的状况常开启门窗给予通风换气。

(6)合理的饲养密度 饲养密度应根据饲养环境和季节有所变化。鸡舍通风换气条件好、气温适宜的季节饲养密度可适当大一些，鸡舍环境差、气温高的季节饲养密度应小一些；一般来说，每平方米可养1～25日龄肉鸡25只、25～50

日龄肉鸡10只左右。

24. 饲养新生雏鸡的关键技术有哪些?

(1)饮水 出雏24小时后就应饮水。出壳后的幼雏腹部卵黄囊内部还有一部分卵黄尚未吸收完,这部分营养物质要3～5天才能基本吸收完。雏鸡饮水能加速卵黄囊的吸收利用。另一方面,雏鸡在育雏舍高温条件下,因呼吸蒸发量大,需要饮水来保持体内水代谢平衡,防止脱水死亡。1～2周龄内的雏鸡,要求水温与舍温相近,最初3天,饮水中应加5%蔗糖、0.01%维生素C和1 000单位/只鸡青霉素,以增强雏鸡抵抗力。另外,饮水器数量要充足,要保证每只雏鸡至少有1.5厘米的饮水位置,或每100只雏鸡有2个4.5升大小的塔式饮水器。饮水器或水槽要尽量靠近光源、保姆伞等。要防止断水、缺水,应做到饮水不断,随时自由饮水。

(2)开食 雏鸡的第一次吃食称为开食。开食时间一般在出壳后24～36小时进行,这时已有60%～70%的雏鸡有啄食表现。开食的方法有很多,可以用开食盘或浅边料槽;最简单易行的方法是:将准备好的硬纸片或塑料布平铺在鸡架或鸡笼内,在上面撒上饲料,当有1只鸡开始啄食时,其他鸡也随之模仿食之。开食饲料要求新鲜,颗粒大小适中,便于雏鸡啄食,有营养且易消化。

(3)饲喂 雏鸡开食后就进入正式饲喂阶段。大多鸡场都采用让鸡只自由采食,也有的鸡场采用前期限制饲喂,以控制腹脂。不管采用哪种饲喂形式,都可根据具体情况而定。喂料时应少添勤添,第一周把料拌潮湿、松散为宜。一般每2小时添1次料。以后每天添料不得少于6次。勤添料可以刺激鸡的食欲,减少饲料浪费。另外,料槽或料桶内的饲料不应多于容量的1/3。同时,还应注意更换料、阶段料的过渡,更换或阶段过渡饲料时一般采取以下3种方式:假设A为前料,B为后料,两者分别包括不同期或不同批次的饲料。第一种方式:2/3的A料加1/3的B料混合饲喂1～2天;1/2的A料加1/2的B料混合饲喂1～2天;1/3的A料加2/3的B料混合饲喂1～2天;然后全喂B料。第二种方式:2/3的A料加1/3的B料混合饲喂2～3天;1/3的A料加2/3的B料混合饲喂2～3天;然后全喂B料。第三种方式:1/2的A料加1/2的B料混合饲喂3～7天,然后全喂B料。采用过渡饲料的方式饲喂,目的是减少由于突然换饲料所带来的应激反应。

25. 怎样做好肉种鸡育雏期管理?

(1)温度管理 温度是育雏的首要环境条件,也是育雏的关键。雏鸡个体小,绒毛稀,自身调节体温的能力不健全,因而要求育雏环境温度高而稳定。温度过低,雏鸡着凉腹泻;温度过高,食欲下降或引起呼吸器官疾病。1日龄时,雏鸡需要的温度应达到33℃～35℃,每周降2℃～3℃,5周后降至22℃～25℃,降温过程要平稳。

(2)实行全进全出的饲养制度 即全场同时饲养同一日龄的鸡苗,同时全部出栏。这种饲养制度简单易行,优点很多。在饲养期内便于管理,易于控制温度和湿度,便于机械作业。出场后便于彻底清理、消毒,切断病原的循环感染,防止不同日龄肉鸡产生交叉感染。熏蒸消毒后密闭1周,再养下一批雏鸡,是鸡舍卫生与鸡群的健康制度保证。

(3)公母分群饲养 肉鸡生产谋求生长效率,由于公鸡和母鸡的生长速率有相当的差异,营养需求也就不同,给予不同的营养配方，可以大大提高饲料的营养利用率。公、母分饲，同一群体中个体差异小，均匀度高，便于机械化加工，可提高产品的整齐度和商品率，且增重快、耗料少。公鸡生长速度快，应喂给公鸡高蛋白质日粮，前期日粮蛋白质水平可提高至25%。为促进公鸡羽毛的生长，可以使公鸡舍的温度下降快一些，多用一些质地松软的垫料，减少胸囊肿的发生率。从经济效益考虑，公鸡 9 周龄后生长速度开始下降，耗料增加。母鸡生长速度慢且沉积的脂肪多，前期的日粮蛋白质能量水平可以降至 21%，羽毛生长快，舍温可降慢一些。

(4)适时断喙、断趾和截冠　断喙，即“切嘴”，切除上喙从喙端至鼻孔的 1/2～2/3 处，下喙切除 1/3，断后下喙比上喙稍长。断喙不仅防止啄癖，还能减少饲料浪费。断喙应注意以下问题，鸡群受到应激时不要断喙，如刚接种过疫苗的鸡群等，待恢复正常时才能进行；在用磺胺类药物时不要断喙，否则易引起流血不止；在断喙前 1 天和后 2 天在饮水中(或饲料中)适当添加维生素 K；断喙后 2～3 天内，料槽内饲料要比平时多添一些，以免啄食槽底引发疼痛而影响足够采食；断喙后要供应充足的清凉饮水，加强饲养管理。自然交配的种公雏还应进行断趾和截冠。所有种公雏内侧趾和后面的 1 个脚趾都应剪去，以防成年后在交配时划破母鸡的背部，断趾可在 1 日龄进行，也可与断喙同时进行。截冠可以防止因争斗和啄食癖而使鸡冠受伤，种公鸡应在 1 日龄截冠。

(5)环境卫生及防疫　搞好环境卫生、疫苗接种及药物防治工作，是养好优质肉鸡的重要保证。鸡舍的入口要设消毒池，垫料要保持干燥，饲喂用具要经常刷洗，并定期用消毒液浸泡消毒。

26. 肉种鸡育成期饲养管理要点有哪些？

肉种鸡育成期是指从育雏结束到开产前之间的饲养阶段，一般是7～24周龄。育成期是肉种鸡生长发育的关键阶段，这个时期要使肉种鸡的机体得到充分的发育，因而生产上应着重做好以下几方面工作。

(1)光照管理 现代肉鸡的光照制度，各鸡种间稍有差异，原则上都是育成期控制光照，产蛋期增加光照。种鸡育成期的光照在10～18周龄是关键时期，光照时间可以恒定或缩短，但不宜延长，一般每天光照8～10小时为宜，到18周龄后根据不同品种鸡的情况，开始逐渐增加光照。光照强度在育成期以5～10勒为宜，相当于平均每平方米地面1.3～2.5瓦白炽灯，不可过强。若出现啄癖时可减弱至1～2瓦/米^2。

(2)限制饲养 限制饲养是提高肉用种鸡生产性能，保证肉用种鸡种用价值的关键措施，也是准确控制育成鸡体重的核心技术。育成期肉种鸡自由采食就会过重过肥，过肥的母鸡产蛋性能就会下降，过肥的公鸡精液品质不佳并影响交配能力。限饲方法主要分限质、限量和限时3种方法。

(3)选择与淘汰 淘汰在鸡场中是最主要的手段，淘汰，即剔除一些不合乎要求的鸡，这些鸡如果继续保留，不会带来合理利益。在种鸡的育成期，要对种鸡进行2次选择和淘汰。第一次是在8～12周龄进行，主要是将鸡群中的瘦小、跛脚及有病的鸡淘汰，这样不仅易于管理，也可达到好的育成效果；在育成后期，即17～18周龄进行第二次，对不符合品种标准者予以淘汰，这次必须根据鸡的体重、强弱、发病情况和外貌特征进行筛选。选留数量应根据入舍母鸡的数量决定。按每平方米4.2～4.3只的选留数，先留足入舍母鸡数，再根据入舍母鸡数选留应配的公鸡数。选留公、母鸡的比例为 12.5∶100；公鸡数不能超过 13%。在选留过程中还要注意鸡舍中的面积，喂料器，饮水器，产蛋箱等设备的配比。

27. 如何对肉用种鸡进行限饲喂养?

限制饲养是提高肉用种鸡生产性能，保证肉用种鸡种用价值的关键措施，也是准确控制育成鸡体重的核心技术。育成期肉种鸡自由采食就会过重过肥，过肥的母鸡产蛋性能就会下降，过肥的公鸡精液品质不佳并影响交配能力。为了使育成鸡能在最适当的周龄达到性成熟，必须采取限制饲喂，控制性成熟，肉用种鸡最理想的成熟时期是 24 周龄开产，25 周龄产蛋率达 5%，30 周龄进入产蛋高峰，限制饲喂不当，会出现过早（22 周前）或过晚（27 周后）开产，过早开产，蛋重小，产蛋数量少，过晚开产，蛋重虽大，但产蛋数量少，都不经济，同时限制饲喂还可降低育成成本。限饲方法主要分限质、限量和限时 3 种方法。

(1)限质法 限制饲料的营养水平，饲喂低能量或低蛋白，甚至低氨基酸的配合饲料，通过低营养水平达到限制生长，控制体重的目的。此法使用时营养水平可以降低，但营养成分必须平衡。

(2)限量法 限制饲料数量，一般按自由采食量的 70%以上饲喂，此法应用普遍，但要求饲料营养全价，质量好，尤其要求鸡数和饲料量准确。

(3)限时法 限制喂料时间，此法又可分成每日限饲、隔日限饲和每周限饲。每日限饲是每天喂给一定数量的饲料，或规定饲喂次数和采食时间，对鸡应激小，适于幼雏转入育成期前 2～4 周和育成鸡转入产蛋舍前 3～4 周时应用；隔日限饲是将2天的规定料量在1天投喂，喂料后停料1天。此法限饲强度大，适于生长速度较快、难以控制的阶段，如7～11周龄。另外，体重超标的鸡群或阶段也可采用，但注意2天的饲喂量总和不能超过高峰用料量；每周限饲包括喂五限二、喂四限三、喂六限一等。

①喂五限二：指在1周内5天喂料，2天停料。每个饲喂日喂1周料量的1/5，为每天喂料量的1.4倍。一般在周二和周日停料。此法限饲强度较小，一般用于12～19周龄，也适用于体重没有达到标准的或受应激较大的鸡群，以及承受不了较强限饲的鸡群。

②喂四限三：指在1周内4天喂料，3天不喂料的方法。适于7～14周龄的雏鸡采用。

③喂六限一：指将1周的饲料分到6天饲喂，1天停料。以上3种限饲方法，一般都不单独使用。在生产实践中，各个鸡场可按本场的实际情况制定育成鸡的限饲方法。

28. 肉用种鸡限饲喂养应注意什么问题？

肉用种鸡限饲注意事项主要有以下几点：①公、母鸡分开采食。②限饲前称重分群。分大、中、小3群。限饲的基本依据是体重，每次称重后计算出平均数和鸡群整齐度，作为限饲的依据。③明确育成期各鸡群喂料量的依据。确定喂料量的原则是，4周龄至开产期的主要依据是体重，同时再考虑饲料的营养水平及舍内温度等进行适当调整。④定期称重，及时调群。⑤料位、水位要充足。⑥采用一次性快速投料法。⑦8周龄开始喂沙砾每千只鸡用45千克沙砾撒在垫料或沙槽中，让鸡自由采食，每周的喂量一次完成。⑧限饲前应断喙。⑨限饲与控制光照相结合。

29. 限制饲养时为什么会出现暴食猝死现象?如何防止?

为了降低成本、增加饲料利用率,现代养鸡都采用限制饲养。如鸡经过 1 天停饲后,饥饿感增强,迫切需要饲料,在有饲日一旦投喂饲料,有些鸡就连续不断地抢食、猛吃、顾不得饮水,使嗉囊迅速扩大、发硬,从而压迫了颈部迷走神经和部分血管,使鸡只发生昏迷后猝死。为防止限制饲养时出现鸡只猝死现象发生,可采取下列措施。

(1)按摩 在限制饲养时出现的病鸡应及时抓出,对嗉囊扩大较轻的鸡只可用手按摩,并不断地滴服加有维生素 C 的饮水,使鸡只渐渐清醒,对病情严重的鸡只,可以切开嗉囊,弃掉饲料,然后缝合好。抢救及时,可大大降低死亡率。

(2)限饲 调整肉种鸡饲喂方法是杜绝发生暴食猝死现象的根本方法。一般采用每日限饲,并保证充足的饮水,使鸡天天有一定数量的饲料吃,不会产生强烈的饥饿感。如果每日限饲仍有少量鸡只发生暴食情况,可把鸡 1 天的饲料喂量分上、下午 2 次投给,这样可以防止鸡暴食猝死现象的发生。

30. 鸡的每日饲料量如何确定?

每只鸡 1 天所食入的配合饲料叫做日粮。鸡的日粮是根据饲养标准所规定的各种营养物质的种类、数量和鸡的不同类型、不同品种、不同生理状态与生产水平,选用适当的饲料配合而成。目前生产中人们常说的日粮往往指的是饲粮。

在鸡的生产中,确定每只鸡每日饲料用量的原则是,鸡能维持鸡体正常代谢,满足生长发育和产蛋需要,又不使鸡过食而造成鸡体过肥和饲料浪费。雏鸡和育成鸡每日饲料用量依周龄和生长速度而定。肉仔鸡的每周饲粮用量见表 4。

表 4　肉仔鸡的体重及周耗料量(公、母混合雏)

周　龄	周末体重(克/只)	每周耗料量(克/只)	累计耗料量(克/只)
一般的商品代肉用仔鸡			
1	80	80	80
2	170	160	240
3	330	320	560
4	540	480	980
5	760	560	1540
6	990	690	2230
7	1240	800	3030
8	1500	910	3940
较好的商品代肉用仔鸡			
1	90	80	80
2	230	240	320
3	430	370	690
4	650	450	1140
5	920	590	1730
6	1200	740	2470
7	1500	930	3400
8	1800	1030	4430

31. 怎样检查鸡群的饲养效果?

鸡群的饲养效果,是饲养及日粮配合是否合理的客观反映,而饲养检查是判断饲养效果的主要方法。一般饲养检查应着重注意以下几个方面。

(1)饲料转化率 饲料转化率是指饲料喂鸡后获得的单位增重或产蛋量与所消耗的饲料量的比例。饲料转化率低,除鸡群品质差和疾病等因素外,主要是饲养水平低或日粮不平衡所致。

(2)增重 生长与育肥鸡增重的速度,是衡量肉鸡饲养优劣的指标之一。

(3)繁殖指标 除品种与个体特点外,饲养水平与日粮的全价性,常会影响种蛋的受精率和孵化率。

(4)食欲 食欲旺盛是鸡群健康的一个重要表现。鸡群中大多数鸡拒绝采食,或剩料多,可能是饲料品质不好,有异味或霉变所致,应及时检查饲料。对于鸡不习惯采食的某些饲料,应逐渐增加喂量。异食的原因很多,饲养方面通常是由于缺乏某些营养物质而引起的。

(5)加强管理 养鸡者应经常巡视鸡群,仔细观察鸡群动态、采食和粪便情况,随时记录所观察到的现象,分析饲养条件所造成的影响,以作为调整日粮、提高饲养水平的依据。

32. 肉种鸡产蛋期饲养管理要点有哪些?

(1)预产期的饲养管理 预产期是指 18～23 周龄,虽然时间较短,却是肉种鸡从发育到成熟的一个重要转折时期。关键是体成熟和性成熟同步,然后制订一个合理的增重、增料、增光计划,使之与产蛋期的管理相衔接,一定要保证逐步平稳的转换。

(2)产蛋期的饲养管理 产蛋期可分产蛋前期、产蛋高峰期和产蛋后期3个时期。产蛋期饲养管理的优劣与种鸡的生产性能有直接的关系。

①喂料量：由于产蛋鸡不同时期对营养的要求有所不同，在喂料量上也不同。产蛋上升期是指产蛋率5%至产蛋高峰期这一阶段。产蛋上升期应以产蛋率的变化调整鸡群的饲料供给量。增料是决定鸡群能否按时达到产蛋高峰的关键措施。应采用试探性增料技术谨慎增料，增料过快或过慢都会严重影响产蛋性能。产蛋高峰期指鸡群产蛋率在80%以上的这段时期。其饲料供给量根据上升阶段的饲喂量确定后，要尽量保持恒定，通常要保持至38周龄左右。产蛋下降期指产蛋高峰期过后至淘汰这段时间。这段时间内鸡的体重增长非常缓慢，维持代谢也基本稳定，随着产蛋率下降，营养需要量减少。为防止鸡体脂肪过量沉积和超重，应酌情减料。减料量的多少应根据产蛋率、采食时间、舍内环境温度及鸡的体重等因素来决定。

②光照管理：产蛋期的光照直接影响到产蛋量，光照刺激在母鸡上产蛋高峰期尤为重要。种鸡产蛋期的光照原则是：时间宜长，中途切不可缩短，一般以14～16小时为宜；光照强度保证在32勒。

③温湿度及通风管理：种鸡舍环境控制的基本要求是，温度适宜，地面干燥，空气新鲜，以保持肉用种鸡的健康和高产。产蛋鸡舍的理想温度为15℃～25℃，空气相对湿度以55%～65%为宜。产蛋鸡呼吸量大，而且采食量大，排泄多。因此，要加强通风换气，保持舍内空气新鲜。

33. 种公鸡的饲养管理要点有哪些？

(1)分笼饲养　繁殖期人工授精公鸡必须分笼饲养，每笼1～2只。若群养，由于争斗等往往影响精液品质。

(2)温度与光照　成年公鸡在20℃～25℃环境下，精液品质较好。温度高于30℃时，精液品质下降；而温度低于5℃时，公鸡性活动降低；光照时间12～14小时公鸡可产生优质精液，少于9小时光照则精液品质明显下降。光照强度在10勒就可保持公鸡的正常繁殖性能，但弱光可延缓性的发育。

(3)体重检查　为保证整个繁殖期公鸡的健康和具有优质精液，应每月检查1次体重。

(4)断喙、剪冠和断趾　人工授精的公鸡要断喙，以减少育雏、育成期的死亡。自然交配的公鸡虽不断喙，但要断趾(断内趾及后趾第一关节)，以免配种时抓伤母鸡。父母代种鸡做标记或在高寒地区为防止鸡冠冻伤，可剪冠。具体方法是：将初生公雏用弧形手术剪刀，紧贴头皮剪去鸡冠。但炎热地区不宜剪冠，因为鸡冠是良好的“散热器”。

(5)诱使公鸡活动　公鸡腿部软弱或有腿病会影响配种，所以要诱使公鸡运动，锻炼腿力。采用公鸡料槽可促使公鸡不断地运动，因为公鸡必须不断地跳起来才能从料槽中吃到饲料。也可在供应饲料时将谷粒饲料撒在垫料上，诱使公鸡抓刨啄食，既可达到锻炼、增强腿力的目的，又可促进垫料通风，同时也能防止公鸡腿部肿胀发炎。

(6)疾病治疗　在采精过程中，难免会引起种公鸡交配器官发炎或抓伤，或因应激而引起呼吸道、消化道疾病。一般根据季节、气候变化，在一段时间内投喂一些抗生素药物来预防或治疗。对个别疾病较重者，宜个别注射抗生素治疗。

34. 肉仔鸡有哪些生活特性?

肉仔鸡生活特性有以下几点

胆小,易受惊吓,对外来的刺激反应敏感。如奇怪的声音、突然的闪光、移动的阴影或异常的颜色等均能引起鸡群骚动、炸群。

喜欢干燥的环境,怕舍内炎热或阴冷潮湿。

群居性强,刚出壳几天的雏鸡就会找群,一旦离群叫声不止。

性情温驯,活动量小,喜欢卧伏。每天除了采食、饮水,大部分时间处于卧伏状态,很少活动、跳跃和殴斗。

适应弱光环境,对光照强度的要求不高,只要能见到饲料、饮水和舍内其他物体即可。

要求日粮营养价值高,饮水充足。

35. 肉用仔鸡在生产上有什么特点?

肉用仔鸡,一般指 3 月龄内未达到性成熟即进行屠宰,专供食用的肉鸡。目前,肉用仔鸡是指专门化的肉用型品种鸡,进行品种和品系间杂交,然后利用其杂交种,用蛋白质和能量较高的日粮,促进其快速发育。

肉用仔鸡在生产上有以下特点:肉用仔鸡在生长发育上,年龄愈小,相对增长愈大,饲料报酬愈高;相反,年龄愈大,相对增重愈小,饲料报酬则逐步降低。另外,饲养期愈长,饲料转化率逐步降低,因为随着鸡体重的增加,新陈代谢降低,加上基础代谢消耗增加而降低了饲料转化率。因此,要充分利用这一特点,尽量缩短饲养周期,及时上市。掌握肉鸡的生长规律是提高生产性能获得良好经济效益的基础。饲养密度小，生产率高。营养和管理技术要求高。

36. 为什么在肉仔鸡生产上要采用“全进全出制”?

“全进全出制”是指同一鸡场或同一鸡舍饲养同一批鸡，采用统一饲料、统一免疫程序、统一管理措施和同时出场，出场后对整体环境实行彻底打扫、清洗和消毒，空舍 10 天以上接养下批。

“全进全出制”有以下优点：

在一定时间内全场无鸡，并进行全面消毒，既可消灭病原体，又杜绝新、老鸡互相感染传染疫病的途径。

便于鸡群的管理和统一实施技术措施，由于鸡群是同一品种、同一日龄，雏鸡可同时供温、同时撤温、同时断喙，可以采用同一光照制度和同一免疫接种方案。鸡群需要日粮时可以同时更换，这样管理方便，实施技术措施集中。

全进全出制度与过去连续式生产制度相比，肉鸡生长速度快，饲料报酬高，成活率高。

实施“全进全出制”时，要注意鸡群生长的一致性，要提高全价日粮，并要配给充足的料槽和饮水器，加强日常管理，随时注意鸡群生长状况，对于弱雏、病雏更要特别照顾，加以隔离饲养。

37. 肉仔鸡的生产方式有哪些?

(1)厚垫料地面平养 厚垫料平养是在舍内水泥或砖头地面上铺以 10 厘米左右厚的垫料，垫料要求松软，吸水性强、新鲜、干燥、未霉变、长短适宜，一般为 5 厘米左右。常常使用的垫料有玉米秸、稻草、刨花、锯屑等，也可混合使用。这种方式具有设备投资少、简单易行、能减少胸囊肿发生率等主要优点，也是农家养鸡最常采用的方法。

(2)网上平养 一般在离地50～80厘米处搭设网、栅，鸡养在网栅上，网栅用金属丝、竹片、木条等编排而成，竹竿和竹板的间距2厘米左右。为了减少胸趾疾病的发生，可在网上面铺层塑料网，在塑料网上再放上料槽、水槽。生长后期，为减少粪便在网片上污染鸡的羽毛等，可提前撤去塑料网片。采用这种方式肉仔鸡不直接接触粪便，可减少球虫病的发生；节省垫料，管理方便，劳动强度小。缺点是鸡舍空间利用减少。

(3)塑料大棚法 棚长10～20米(视养鸡多少而定)，宽5米，高2米。可用直径2厘米以上、长4.5米左右的竹竿2根，弯成弧形，连接处用塑料绳绑紧。两拱间隔70厘米，制成拱形大棚，底角45°，天角20°以上。棚东西走向，两侧砌墙，墙中间留门，门上设通风孔。冬季和早春背阴面全部盖10～15厘米的稻草或麦秸，里面衬薄膜。一般夜间或阴雪天生炉火，严冬可仿“地瓜回龙火炕”加温育雏。冬季防止湿度大，棚顶设可关闭的天窗，另外棚内地面常铺干沙。夏季棚顶可盖10厘米以上的稻草或麦秸，棚底敞开80厘米，拉上拦网防鸡逃出。夏季严防中暑。塑料大棚养鸡，经济实用。

(4)笼养 笼养就是肉仔鸡从出壳到出栏一直在笼内饲养。近年来，改进了笼底结构和材料，应用弹性塑料笼底，使肉仔鸡胸囊肿发生率大大降低，笼养方式才得以广泛应用。

(5)笼养和散养相结合 这种饲养方式一般是在育雏期，即3～4周龄以前采用笼养，育肥期转群改为地面厚垫料散养。这种饲养方式育雏阶段鸡小体轻，对笼底压力不大，不致发生胸部和腿部疾病。转到地面散养以后，虽然鸡的体重增长迅速，但有松软的垫料铺在地面，也不会发生胸部和腿部疾病。所以，笼养与散养结合的方式兼备了两种方式的优点。

38. 在肉仔鸡生产中，对垫料有什么要求？从哪些方面来做好垫料管理？

垫料要求干燥松软，吸水性强，不霉坏，无污染，厚度以10厘米为好。常用的垫料有切短的玉米秸、破碎的玉米棒、小刨花、锯末、稻草及麦秸等。以多种混合使用为好。如底下铺一层沙，上面再铺麦秸等。垫料在鸡舍熏蒸消毒前铺好，厚度沙子6～8厘米，其他8～10厘米，一次性铺足。

厚垫料饲养肉用仔鸡获得成功，其中一个关键就是保证垫料的质量和加强垫料的管理。垫料管理首先要求垫平，厚度基本一致，防止露出地面，在饲养过程中要经常抖动垫料，防止鸡粪在垫料表面结块，使鸡粪都落到垫料下面。水槽及料槽周围的湿垫料应经常取出，换上新鲜干燥的垫料。饲养后期必要时应往上加一层垫料。只有保持垫料的干燥和在饲料中添加适当的药物，才能有效地防止球虫病的发生。

39. 肉仔鸡饲养中公母分群的依据是什么？分群饲养时采取哪些饲养管理措施？

公、母鸡性别不同，生理基础不同，对生活环境，营养条件的要求和反应也不相同。

主要表现在以下方面：

一是，生长速度不同。公鸡生长快，母鸡生长慢，如公鸡4周龄时比母鸡大13％左右，6周龄时大20％，8周龄时大27％。

二是，营养需要不同。母鸡沉淀脂肪能力强，对日粮的能量水平要求高一些，公鸡则对日粮蛋白质含量要求高一些，对钙、磷、维生素 A、维生素 E、维生素 B_2 及氨基酸的需要量也多于母鸡。

三是，羽毛生长速度不同。公鸡长羽慢，母鸡长羽快，同时还表现出胸囊肿的严重程度不同。

公、母鸡分群饲养的主要措施有以下几方面：

一是，按性别调整日粮营养水平。

二是，按性别提供适宜的环境，如由于公鸡生长速度较快，为防止胸部疾病的发生，应给公鸡提供优质松软的垫料。

三是，按经济效益分别出栏，一般母鸡在 7 周龄以后增重速度相对下降，饲料消耗增加，这时若已经达到上市体重即可提前出栏，而公鸡在 9 周龄以后生长速度才下降，因而可养到 9 周龄时出栏。

40. 优质黄羽肉鸡的饲养管理特点有哪些？

优质黄羽肉鸡生长慢，饲料报酬高，肉质细嫩，味道鲜美，且具有“三黄”（羽毛黄、喙黄、胫黄）特点，目前成为发展肉鸡生产的重要方向。其饲养管理特点如下。

（1）饲养方式 优质黄羽肉鸡生长速度慢、体重小，因此胸囊肿现象基本不会发生，可以采用笼养，特别是后期肥育阶段，采用笼养鸡活动量小，可明显提高肥育效果。

（2）营养水平 由于黄羽肉鸡生长速度慢，较饲养快大鸡要求低，要适当控制营养水平。可在爱拔益加肉鸡营养需要量的基础上，能量水平降低 2％～3％，蛋白质水平降低 5％～8％。氨基酸水平、维生素水平、微量和常量矿物质水平，可与蛋白质水平同步下降。

(3)增加免疫内容　由于优质黄羽肉鸡饲养周期较长，与快大型肉用仔鸡相比，应增加些免疫内容。例如马立克氏疫苗，必须在出壳后及时接种，否则在出场时正是马立克氏病发病的高峰期。鸡痘疫苗，快大型肉用仔鸡一般可以不必免疫，而优质黄羽肉鸡一般情况下则应刺种免疫，除非北方地区生长后期处于冬季可以不进行。其他免疫项目也要根据地区发病特点，加以考虑。

(4)阉鸡　优质黄羽肉鸡具有土鸡的性成熟较早的特点。性成熟时，公鸡会因追逐母鸡而争斗，采食量下降，影响公鸡的肥度和肉质，所以公鸡要适时去势。公鸡去势的目的是改善肌肉品质，利于育肥。公鸡去势后，生长放缓，同时沉积脂肪的能力也增强。因此，阉鸡的肌间脂肪和皮下脂肪增多，肌纤维细嫩，风味独特。烹制的阉鸡，肉味鲜美，肉质细嫩，滑软可口。

41. 在管理过程中应采取哪些措施来减少优质肉鸡的残次品？

肉用仔鸡屠体品质的优劣，直接关系到经济收益的高低。所以，饲养肉仔鸡不仅要追求其生产性能，同时要把肉的品质、屠体合格率、屠体等级和经济效益作为重点来考虑。防止和减少肉用仔鸡胸囊肿，腹水症，控制脂肪沉积以及减少意外挫伤、骨折和腿脚病的发生，是提高屠体合格率、减少残次品的重要途径。

(1)搞好防疫工作　预防传染病，尤其是马立克氏病，慢性呼吸道病，淋巴白血病等。

(2)防止外伤

①导致外伤的因素有：母鸡比公鸡容易受伤，体重大的比

体重轻的容易受伤。在鸡舍或装车运输时，密度过大，互相挤压，受伤增多。出场前1天和抓鸡时动作粗暴，可显著增加外伤。饲养阶段和抓鸡过程的光照太强，会增加外伤。

②防止外伤的措施有：鸡舍中不能存放易造成挫伤与骨折的异物。鸡舍垫草要有一定厚度，并保持干燥。定期调整料槽和水槽高度，以免采食和饮水时挫伤。饲养密度合乎要求，搬运鸡时避免粗暴动作。若网上平养时，网应平直坚挺，不应有凹陷，网眼或板条间隙不宜过大，防止腿脚卡坏。不要惊扰鸡群。工作人员要避免发出怪声，不按汽车喇叭等，要保证鸡群周围环境安静。转群时尽量在暗光下抓鸡，抓鸡人员应训练有素，轻拿轻放。出栏时每笼不得装鸡过多，以防挤压损伤。

42. 在夏季饲养鸡群时，在饲养管理方面应重点做好哪些工作？

我国大部分地区夏季炎热期持续时间较长，而鸡无汗腺，耐热性极差，此时饲养管理跟不上，就会给鸡群造成强烈的热应激，使鸡采食量明显减少，生长慢，死亡率高。为消除热应激对肉仔鸡的不良影响，必须采取相应措施，使管理上符合夏季特点。

(1)做好防暑降温工作

①鸡舍建筑合理：鸡舍方位应坐北朝南，屋顶隔热性能良好，鸡舍前无其他高大建筑物。

②搞好环境绿化：鸡舍周围的地面尽量种树，地面种草坪或较矮的植物，不让地面裸露。

③将房顶和南侧墙涂白：这是降低舍内温度的一种有效的方法，在夏季气温不太高或高温持续较短的地区，一般不宜

采用这种方法。

④采取降温措施：在房顶洒水，在进风口设置水帘，进行空气冷却，增加通风量等。

(2)调整日粮结构和喂料方法

①调整日粮结构：在制定饲料配方时，应尽量提高日粮中能量、蛋白质、钙、磷等各种营养物质的浓度，以保证肉仔鸡每天采食的各种营养物质能满足生长发育的需要。

②调整饲喂方法：为保证肉仔鸡采食量和增重速度，早、晚凉爽时增加喂料次数和给料量，炎热期停喂，让鸡休息，减少机体代谢产生的鸡体增热。另外，注意供应充足的凉水。

(3)尽量减少肉仔鸡的各种应激

在饲料或饮水中补加应激药物。降低饲养密度。做好灭蚊、灭虫工作，勤洗饮水器、料槽，加强垫料管理。饲料要尽量少买勤买。

43. 冬季饲养肉鸡时，在饲养管理方面应重点做好哪些工作？

冬季气温低，鸡的食欲旺盛，疾病危害较少，成活率高。但用于保温的燃料费较高，饲料消耗稍多，饲养成本也高。另外，还需注意防治呼吸道疾病。因此，冬季的管理要点主要是防寒保温、正确通风、降低舍内湿度和有害气体含量等，在饲养过程中应注意以下几个方面。

①做好保温工作：鸡舍要维修好，杜绝贼风。主要靠暖气、保温伞、火炉等供温，舍内温度不能忽高忽低，要保持恒温。在雨雪天和寒流期间，育雏温度宜高一些。为了减少鸡舍的热量散发，对房顶隔热差的要加盖一层稻草，窗户要用塑料膜封严，调节好通风换气口。

②减少鸡体的热量散失：防止贼风吹袭鸡体；加强饮水的管理，防止鸡羽毛被水淋湿；最好改地面平养为网上平养，或对地面平养增加垫料厚度，保持垫料干燥。

③通风透气：冬季饲养肉鸡仍然要注意通风，尤其是育雏期间。如只考虑保温而忽视了通风，这时内外温差大，舍内水汽蒸发到屋顶变成水滴流下，以至舍内湿度过大，导致一些条件性病原微生物（如大肠杆菌、沙门氏菌等）的繁殖而致病。因此，冬季育雏仍然要注意通风。通风时可适当提高舍内温度，并避免冷风直接吹袭鸡群。同时正确的通风，会降低舍内有害气体的含量。

④合理饲喂：冬季气温低，鸡的热量消耗大，要提高日粮的能量水平，但蛋白质水平要适当降一些，以免采食过多的蛋白质。饲喂湿拌料应现拌现喂，防止冰冻，有条件时喂热料，饮温水。

⑤合理饲养：采用厚垫料平养育雏时，注意把空间用塑料膜维护起来，以节省燃料。

⑥注意防火：冬季养鸡火灾发生较多，尤其是专业户的简易鸡舍，更要注意防火，包括炉火和点火。同时要防止一氧化碳中毒，加强夜间值班工作，经常检修烟道，防止漏烟。

六、肉鸡的疾病防治

1. 制定疫病综合防制措施的原则有哪些?

(1)树立强烈的防疫意识 我国现代家禽生产面临饲养环境的污染、流通范围的扩大和速度的加快、新的疾病的出现和流行、饲养条件和管理的不完善等许多新的现实问题,生产经营者必须树立强烈的防疫意识。

(2)坚持"预防为主" 现代家禽生产规模大,传染病一旦发生或流行,给生产带来的损失非常惨重,特别是那些传播能力较强的传染病,发生后蔓延迅速,有时甚至来不及采取相应的措施已经造成大面积的扩散。因此,必须坚持"预防为主"的原则。

(3)坚持综合防疫 应建立安全的隔离条件、防止外界病原传入场内;防止各种传染媒介与鸡体接触或造成危害;消灭可能存在于场内的病原;保持机体的抗病能力;保持鸡群的健康。

(4)坚持以法防疫 控制和消灭动物传染病的工作,不仅关系到畜禽生产的经济效益,而且关系到国家的信誉和人民的健康,必须认真贯彻执行国家制定的法规,坚持做到以法防疫。

(5)坚持科学防疫 首先加强动物传染病的流行病学调查和监测,其次要突出不同传染病防治工作的主导环节。

2. 从哪些方面着手来保证兽医生物安全的有效实施?

近年来,兽医生物安全越来越受到重视。一般认为,生物安全措施可以看做是传统的综合防治或兽医卫生措施在集约化生产条件下的发展,也就是通过各种手段排除疫病的威胁,保证养殖业持续健康的发展,其总的目标是保持鸡群的高生产性能,发挥最大的经济效益。为保证兽医生物安全可从以下几个方面着手:

(1)鸡场的选址与建设 主要包括选址、布局、舍内外环境控制。实践证明,一些鸡场由于选址不当,或场内外布局不合理及舍内外环境不好控制,造成疾病屡屡发生,不仅蒙受损失,而且威胁到生物安全。

(2)健全鸡场管理制度 主要包括人员安全管理制度,饲料安全管理制度,生产安全管理制度。

(3)健全疾病控制体系 主要包括制定合理的免疫程序、搞好疾病监测,做好疾病防控、控制疫病扩散。

(4)完善用药体制 鸡场应本着健康、高效、方便、经济的原则,通过饲料、饮水或其他途径有针对性地对鸡使用一些药物,防止各种鸡病的发生和蔓延。

(5)建立严格的消毒制度 主要包括鸡场、鸡舍门口处的消毒、鸡舍的消毒、种蛋的消毒、饲养设备的消毒和粪便的消毒。

(6)鸡场废弃物处理措施 主要包括鸡粪、死鸡、污水及废弃物的无害化处理和资源化利用。

3. 为何要建立生产记录制度以及生产记录的内容主要包括哪些?

由于生产记录是肉鸡饲养全过程的真实记载,通过生产记录可以分析了解该批鸡生产性能和产品质量及存在问题。为了提高管理水平和生产成绩,达到健康高效养殖,把整个生产的情况详细记录下来是一项非常重要的工作。长期认真地做好记录,就可以根据肉鸡生长发育情况的变化,质量指标的动态变化,从中分析原因、总结经验与教训,采取适当的措施。在记录过程中,数据要全面、真实,这样分析才能建立在科学的基础上,并做出正确的判断,提出正确合理的解决方案。

在饲养肉鸡全过程中,要建立完善的生产记录档案,主要包括:①鸡场环境(空气、饮用水等)检测记录。②饲料、兽药记录、生产厂家、生产批号等。③鸡肉抽检、自检记录。④进雏日期、进雏数量、雏鸡来源。⑤负责该批鸡群饲养的饲养员。

每日的饲养记录,主要记录进雏日期、日龄、死亡数、死亡原因、存栏数、温度、湿度、免疫记录、消毒记录、用药记录、喂料量、鸡群健康状况、出售日期、数量和购买单位等。实施肉鸡饲养兽药使用准则的全部过程要求建立详细记录,且所有记录资料应保存 2 年以上。建立并保存免疫程序记录,包括疫苗种类、使用方法、剂量、批号、生产单位。

建立并保存患病鸡只的预防和治疗记录,包括发病时间及症状、预防或治疗用药的经过、药物种类、使用方法及剂量、治疗时间、疗程、所有药物的商品名称及主要成分、生产单位及批号、治疗效果等。

4. 如何通过饲养管理提高鸡群自身的抗病能力?

(1)满足鸡群营养需要 疾病的发生与发展,与鸡群体质强弱有关。而鸡群体质强弱除与品种有关外,还与鸡的营养状况有着直接的联系。饲粮的营养水平不仅影响鸡的生产能力,而且缺乏某些成分可发生相应的缺乏症。因此,在饲养管理过程中,要根据鸡的品种、大小、强弱不同,分群饲养,按其不同生长阶段的营养需要,供应相应的配合饲料,采取科学的饲喂方法,以保证机体的营养需要。同时还要提供清洁饮水,提高鸡群健康水平。

(2)创造良好的生活环境 饲养条件不良,往往影响鸡的生长发育,也是诱发疾病的重要因素。要按照鸡群在不同生长阶段的生理需要,提供适宜的环境温度和湿度,保持良好的通风换气条件,控制光照及合理的密度,尽量减少应激反应。

(3)采用"全进全出"的饲养方式 这种饲养方式不仅便于在饲养期内调整日粮,控制适宜的舍温,进行合理的免疫,又便于鸡出栏后对舍内地面、墙壁、房顶、门窗及各种设备彻底打扫、清洗和消毒,这样可以彻底切断各种病原体循环感染的途径,有利于消灭舍内的病原体。

(4)做好废弃物的处理工作 鸡粪、鸡场污水、死鸡以及废弃的垫料等未经处理或处理不当,最易对环境造成污染。

(5)做好日常观察工作,随时掌握鸡群健康状况 逐日观察记录鸡群的采食量、饮水表现、粪便、精神、活动、呼吸等基本情况,统计发病和死亡情况,做到"早发现、早诊断、早治疗",以减少经济损失。

5. 投药时应注意哪些事项?

合理、适时地使用药物,既可预防鸡感染发病,又可消灭传染病原,净化环境。根据防治不同的传染病,不同的药物及不同的用药时期,投药时应注意以下几方面的问题:

(1)阶段性 某些疾病是在特定的易感日龄、发病季节或环境条件下存在的。根据这些规律,有针对性地用药,将会收到理想的效果。

(2)时效性 用药时机至关重要,疾病在萌发状态或感染初期用药效果较好,若出现明显的临床症状或形成流行后,再用药则往往效果欠佳。

(3)针对性 目前药品种类繁多,同种疾病可选药物往往有多种,做好药敏试验再行用药是解决用药准确性的切实可行的方法。

(4)合理性 使用药品必须严格按照说明书要求,根据鸡自身状况确定用法、用量、疗程等。预防用药时,不要长时间低剂量使用单一药物,以避免细菌产生耐药性。

(5)安全性 应慎用毒性过大、不良反应强的药物,遵守停药期,控制药物残留。

6. 肉鸡免疫接种应该注意的事项有哪些?

肉鸡免疫接种主要注意事项有以下几点。

接种前后应添加抗应激药物,同时注意接种某些疫苗时能用和禁用的药物。在接种禽霍乱活菌苗前、后各5天,应停止使用抗生素和磺胺类药物;而在接种病毒性疫苗时,在前2天和后5天要用抗菌药物,以防接种应激引起其他病毒感染;各种疫苗接种前后,均应在饲料中添加比平时多1倍的维生素，以保持鸡群强健的体质。

疫苗的选择要准确，并严格按说明书要求进行接种疫苗。疫苗的稀释倍数、剂量和接种方法等，都要严格按照说明书规定进行。

妥善保管、运输疫苗，疫苗应现配现用。生物制品怕热，特别是弱毒苗必须低温冷藏，要求在0℃以下，灭活苗保存在4℃左右为宜。要防止温度忽高忽低，运输时要有冷藏设备。另外，疫苗稀释时绝对不能用热水，稀释疫苗不可置于阳光下暴晒，应放在阴凉处且2小时内用完。

选择接种疫苗的恰当时间。接种疫苗时，要注意母源抗体和其他病毒感染时，对疫苗接种的干扰和抗体产生的抑制作用。由于早晨机体免疫应答最好，同时还能降低夏季热应激，免疫应在早晨进行为宜。

接种疫苗的鸡群必须健康，接种疫苗的用具要严格消毒。只有在鸡群健康状况良好的情况下接种，才能取得预期的免疫效果。对接种的用具必须事先按规定消毒，以防感染其他鸡群。

此外，由于同一鸡群中个体的抗体水平不一致，体质也不一样，因此同一种疫苗接种后反应和产生的免疫力也不一样。所以，单靠接种疫苗扑灭传染病往往有一定的困难，必须配合综合性防疫措施，才能取得预期的效果。

7. 注射免疫应该注意的问题有哪些?

免疫接种用针头和注射器要煮沸20分钟以上，或者高压灭菌，不要用消毒药消毒，特别在注射活菌苗时，更不要用消毒药剂消毒。

疫苗瓶上应用固定针头吸液，严禁用注射针头直接吸液，以防疫苗被注射针头污染，人为制造传染。吸液时应允许振动摇匀。

要准备足够数量的针头，每 30～50 只备 1 个针头。注射水剂时使用 5～6 号针头，注射油乳剂时使用 8～9 号针头。

疫苗的剂量、数目应按配方配好，疫苗混合后应单瓶使用。

在进行疫苗注射前 1～3 天最好带鸡消毒，每天 1～2 次。鸡群中存在鸡痘、葡萄球菌病、硒缺乏症时，应改用其他方法免疫，防止因针孔感染造成传染病暴发。

要接种健康鸡只。发生应激现象时不可接种疫苗。

在使用连续注射器注射疫苗时，应检查定量是否准确，防止定量不准造成免疫失败或严重的不良反应。注射部位要消毒。

注射后针头、注射器要彻底清洗煮沸消毒，装疫苗的原瓶要焚烧。

8. 饮水免疫需要注意的事项有哪些？

在投放疫苗前，要停供饮水 2～3 小时（依不同季节酌定），以保证鸡群有较强的饮欲，能在 2 小时内把疫苗水饮完。

配制鸡饮用的疫苗水，现用现配，不可事先配制备用。

稀释疫苗的用水量要适当。正常情况下，每 500 份疫苗，2 日龄至 2 周龄用水 5 升，2～4 周龄 7 升，4～8 周龄 10 升，8 周龄以上 20 升。

水槽的数量应充足、摆放均匀，可供全群鸡同时饮水。

应避免使用金属饮水槽，水槽使用前不应消毒，但应充分洗刷干净，不含有饲料或粪便等杂物。

水中应不含有氯和其他杀菌物质。盐碱含量较高的水，应煮沸、冷却,待杂质沉淀后再用。

有条件时可在疫苗水中加 2%脱脂奶粉,对疫苗有一定的保护作用。

要选择一天当中较凉爽的时间用苗,疫苗水应远离热源。

9. 滴鼻、点眼法需要注意的事项有哪些?

滴鼻接种时,为防止不吸入,可用手按压一侧鼻孔来回吸收,一定要让足够分量的疫苗吸入鼻腔。

采用滴入法时,稀释液应用凉开水或蒸馏水,液中不要随意加入抗生素。

稀释药液要低温保存,当天必须用完。为减少应激,最好在晚上接种或在光线稍暗的环境下接种。随日龄的增加,每 1 000 头份苗所加的生理盐水量从 7 日龄的 50 毫升增加至 42 日龄的 100 毫升,并摇匀使内容物完全溶解。

要求疫苗不污染鸡的其他部位或其他物体。

鸡群中存在呼吸系统疾病时,不要用滴鼻法免疫,以防加重病情。

10. 免疫后应从哪些方面加强对鸡群的管理?

免疫接种后 1～2 天内饲料和饮水中严禁添加抗病毒药物,鸡舍内外不要消毒,要做好细致的管理工作。如适当提高舍内温度,增加匀料次数,在饮水中加入维生素,避免应激,促使机体产生较高的抗体水平。除此以外,还要注意观察鸡群的动态,特别要对鸡群的采食量、饮水量、粪便稀稠度以及呼吸情况仔细观察,详细记录,并与免疫接种前的数据进行认真对比,发现异常情况,应及时采取措施。

11. 控制肉鸡疾病的三大难关是什么？应该怎样控制？

(1)初生雏鸡的白痢关 雏鸡白痢在养鸡业中发生极为普遍。目前，雏鸡白痢呈零星死亡，死亡率在5%左右，个别雏鸡排白色稀便，雏鸡握在手中可感到活动无力。鉴于雏鸡易发生白痢，所以改善育雏条件是当务之急。切忌舍温忽高忽低，用煤取暖要控制煤烟和粉尘。严把进雏关是控制雏鸡白痢的关键。应选择种蛋自产自孵，大型的现代化饲养场种鸡白痢控制较好，饲养他们的雏鸡较为安全。

(2)中期的大肠杆菌病 此病通常发生在二免或分群以后，即30～40日龄，从“打呼噜”开始，接着出现腹泻症状，排黄绿色稀便，喜卧，被毛逆立、无光泽，呈零星死亡。鸡群一旦发病很难治愈。该病治疗的原则是缓解症状，控制继发感染，选择特效药，以饮水给药为主。要想控制大肠杆菌病的发生，除了保证鸡舍温、湿度适宜和通风良好外，关键要尽可能少地惊扰鸡群。鸡舍消毒应重点放在入雏前，鸡群消毒应以饮水方式为主，尽量不采用带鸡喷雾消毒。取暖用炉最好与鸡群隔开，以减少舍内尘埃。鸡群要进行预防性给药，二免结束即30日龄后要连续给药7～10天，恩诺沙星可以作为首选药物，拌料和饮水用药应配合进行。

(3)饲养后期的新城疫 本病多危害45日龄以上的肉鸡。肉仔鸡新城疫发生的严重程度通常与大肠杆菌的发生有直接关系，多为继发。另外，新城疫发生还有两个原因，一是养鸡户使用新城疫和支气管炎二联苗免疫时，多将滴鼻改为饮水，人为降低了免疫效果；二是大肠杆菌病的促发。所以，要避免肉鸡饲养后期发生新城疫，除了控制大肠杆菌病外，一定要在 40 日龄前后补免 1 次新城疫疫苗，常可收到满意效果。

肉鸡以上 3 个阶段的疫病呈连贯性，故应在坚持常规免疫程序的同时，还应严格按上述方法操作，这样才能保证鸡群健康发育，减少损失。

12. 鸡群发生疫病后，除了及时诊断治疗和加强饲养管理外，还应注意哪些事项？

(1)重视发病鸡群消毒及隔离 对病鸡群进行正常的治疗，同时将病情严重的病鸡隔离治疗或淘汰，如在发病初期可将少数发病鸡隔离治疗。

死鸡要及时取出，鸡舍要每天打扫，及时清理粪便；水槽、料槽要每日清洗消毒，为了减少饮水中的病原微生物，可以选择毒性低的消毒药消毒饮水；对发病鸡群(舍)可以带鸡喷雾消毒，喷雾消毒不仅可以对鸡舍的地面、墙体、鸡笼以及鸡体表进行消毒，还对存在于空气的灰尘、飞沫中的病原微生物有杀灭作用，减少或减轻鸡的发病。

如果鸡为笼养，则应防止鸡笼间的鸡相互串动，减少鸡与鸡之间相互传染的机会；如果要对鸡群注射治疗时，则应防止注射治疗时病原微生物经针头传染，应先对没有发病鸡进行注射治疗，后注射病鸡，做到注射 1 只鸡换 1 个针头。

死鸡和病鸡群产生的粪便等垃圾要密封运送到安全的地方进行无害化处理，对运输这些垃圾经过的地方也要消毒。另外，对病鸡舍通风时，要先喷雾消毒，有效地将存在于灰尘、飞沫中的病原微生物杀灭后，才能通风，特别是能经空气传染的疫病更应如此。

(2)加强鸡场与外界隔离 当自己的鸡场发生疫病时，很多饲养户往往忽略了与外界的消毒隔离，其实这是于己于人都不好的，一方面自己的鸡场发生疫病时，加强鸡场与外界的消毒隔离，可以有效地控制病原微生物对外扩散，将疫病控制在局部范围内；另一方面，如果鸡场发病后，饲养户对鸡场与外界的消毒隔离工作松懈，不仅将自己鸡场发生的传染病散播出去，造成社会危害，而且自己鸡场没有的一些其他传染病有可能乘机进入自己的鸡场，引起新的疫病，与原有的传染病相互作用，混合感染，使鸡场内的传染病变得更复杂，变得更难控制。因此，当饲养户自己的鸡场发生疫病时，不仅不能放松鸡场与外界的消毒隔离，而且更要加强鸡场与外界的消毒隔离工作。这时饲养户除了继续做好平时防止病原微生物进入鸡场的消毒隔离工作外，还应做好防止病原微生物向外扩散的消毒隔离工作。例如，人员和物品出鸡场也要消毒，病鸡不得出鸡场，病鸡群产生的粪便等垃圾要进行无害化处理等。

13. 带鸡喷雾消毒应该注意的问题有哪些？

鸡群接种疫苗前后 48 小时内应停止带鸡喷雾消毒。

在鸡群进行常规用药的当日可以消毒，但应注意药物的性质和配伍问题。如酸性和碱性药物不能同时应用，以免中和失效，甚至引起鸡体中毒。

喷雾量以地面、笼具、墙壁、顶棚均匀湿润和鸡体表面稍湿为度。

由于喷雾造成鸡舍和鸡体潮湿，消毒后要开窗通风，使其尽快干燥。

鸡舍内应保持适宜温度，特别是育雏阶段，应将舍温提高2℃～3℃，避免雏鸡受冷挤堆压死。

要交替使用不同类型的消毒剂，每月或每季更换 1 次。

长期使用一种消毒剂可产生耐药性，降低杀菌消毒效果。

消毒结束后，应将喷雾器内部冲洗干净。

14. 造成肉鸡营养缺乏症的原因有哪些？

营养缺乏症是家禽生产过程中常见的问题，轻度缺乏会降低生产性能，如生长发育、饲料效率、受精率、孵化率和产品质量等，重者则会出现病理症状，甚至引起死亡。营养缺乏还会降低家禽的免疫力而导致对其他病原微生物更为敏感，常继发或伴发其他传染病或寄生虫病，给生产造成损失。

营养缺乏症的原因归纳如下：饲料原料质量低劣，使用的饲养标准不合适，饲料中某些营养成分的可利用性差，家禽的采食量不足，添加剂的选型不合理，日粮中营养不平衡，饲料中抗营养因子的存在，饲料中某些营养成分被破坏，某些合成药物的应用，家禽发生某些疾病或出现应激。

15. 为防止动物疾病的传播，应该怎样处理死禽？

死鸡的处理方法主要有以下几种：

(1)深坑掩埋 死鸡不能直接埋入土壤中，因为这样容易造成土壤和地下水被污染。深埋应当建立用水泥板或砖块砌成的专用深坑，一般1万只蛋鸡需要13米^{3}空间。

(2)焚烧处理 对死鸡进行焚烧处理是一种常用的方法。以煤或油为燃料，在高温焚烧炉内将死鸡烧成灰烬，可以避免地下水和土壤的污染问题。但这种方法常常会产生大量臭气而且消耗燃料较多，处理成本较高。因此，在选择焚烧炉时，应注意最好有二次燃烧装置，以清除臭气。

(3)饲料化处理 死鸡本身的营养成分丰富，蛋白质含量高，如果能在彻底杀灭病原菌的前提下，对死鸡做饲料化处理，可获得优质的蛋白质饲料。如利用蒸煮干燥机对死鸡进行处理，通过高温高压先对死鸡做灭菌处理，然后干燥、粉碎可获得粗蛋白质含量高达60%的骨肉粉。

(4)堆肥处理 原理与鸡粪堆肥处理相同，而且往往和鸡粪混合堆肥处理。

16. 鸡场常采用哪些消毒方法？通常消毒的范围有哪些？

消毒是指通过物理、化学或生物学方法杀灭或清除环境中病原体的技术或措施，它可将养殖场、交通工具和各种被污染物体中病原微生物的数量减少到最低或无害的程度。常用的消毒方法可概括为物理消毒法、化学消毒法和生物消毒法。物理消毒法是指通过机械性清扫、冲洗、通风换气、高温、干燥、照射等物理方法，对环境和物品中病原体的清除或杀灭，其中包括机械性清扫、刷洗、日光、紫外线和其他射线的照射、高温灭菌等。化学消毒是指在疫病防治过程中，常常利用各种化学消毒剂对病原微生物污染的场所、物品等进行清洗、浸泡、喷洒、熏蒸，以达到杀灭病原体的目的。生物学消毒是指通过堆积发酵、沉淀池发酵、沼气池发酵等产热或产酸，以杀灭粪便、污水、垃圾及垫草等内部病原体的方法。

通常消毒的范围及程序有鸡舍的消毒、设备用具的消毒、环境的消毒和带鸡消毒。

(1)鸡场、鸡舍门口的消毒 鸡场及鸡舍门口应设消毒池，经常保持有新鲜的消毒液。凡进入鸡舍的人员必须经过消毒；车辆进入鸡场，轮子要经过消毒池。工作人员和用具固定，工作人员不能随便去别的鸡舍串门。用具不能随便借出、借入。工作人员每天进入鸡舍前要更换工作服、鞋、帽，工作服要定期消毒。场内的工作鞋不许穿出场,场外的鞋不许穿进场内。

(2)鸡舍及饲养设备的消毒 鸡舍在进鸡之前一定要彻底清洗和消毒。饲养设备包括料槽、笼具、水槽等。料槽应定期洗刷,否则会使饲料发霉变质;水槽要每天清洗。一般用清水冲洗后,可选用5%的煤酚皂溶液、0.5%过氧乙酸或3%烧碱溶液、0.1%新洁尔灭溶液喷洒消毒。要坚持做好带鸡消毒,通过带鸡消毒不仅能使鸡舍的地面、墙壁、鸡体和空气中的细菌数量明显减少,还能降低空气中的粉尘、氨气,夏天还有降温作用。

(3)种蛋消毒 有些病能通过蛋传递给雏鸡,刚产下的蛋易被粪便及垫料污染,存放时间越长,细菌繁殖得越多,超过30分钟,病菌就可以通过蛋壳气孔进入蛋内。故种蛋最好产出后随即熏蒸消毒,然后存放在消毒好的贮藏室内,在入孵之前再消毒一次。种蛋可用0.1%新洁尔灭喷雾消毒或洗涤消毒,常用福尔马林加高锰酸钾熏蒸消毒。

(4)粪便消毒 粪便常用堆积发酵,利用产生的生物热进行消毒。如用消毒药,可用漂白粉按5∶1比例,即1千克鲜粪便加入200克漂白粉干粉,拌和后消毒。也可用石灰消毒。

17. 常采取哪些措施来保证消毒效果?

保证消毒效果最主要的是用有效浓度的消毒药直接与病原体接触。一般的消毒药会因有机物的存在而影响药效。因此,消毒之前必须尽量去掉有机物等,应采取以下措施。

①清除污物。当病原体所处的环境中含有大量的有机物如粪便、脓汁、血液及其他分泌物、排泄物时,由于病原体受到有机物的机械保护,大量的消毒剂与这些有机物结合,消毒的

效果将大幅度降低。所以,在对病原体污染的场所、污物等消毒时,要首先清除环境中的杂物和污物,经彻底冲刷、洗涤完毕后再使用化学消毒剂。

②消毒药浓度要适当。在一定范围内,消毒剂的浓度越大,消毒作用愈强,如大部分消毒剂在低浓度时只有抑菌作用,浓度增加才具有杀菌作用,但是消毒剂的浓度增加是有限度的。

③针对微生物的种类选用消毒剂。

④作用的温度及时间要适当。

⑤控制环境湿度。

⑥消毒液酸碱度要适当。碘制剂、酸类、煤酚皂溶液等阴离子消毒剂在酸性环境中的杀菌作用增强,而阳离子消毒剂如新洁尔灭等在碱性环境中的杀菌力增强。

18. 应该采取怎样的方法加强对新城疫的免疫监测?

利用鸡血清中抗新城疫抗体抑制新城疫病毒对红细胞凝集的现象,来监测抗体水平,作为选择免疫时期和判定免疫效果的依据。

(1)监测程序与目的

①确定最适宜的免疫时间:大中型鸡场应根据雏鸡1日龄时血清母源红细胞凝集抑制试验(HI)抗体效价的水平,通过公式推算最适宜首次免疫(简称首免)时间,公式如下:

最适首免时间=

4.5×(1日龄时HI抗体效价的对数平均值−4)+5

例如:1日龄母源HI抗体效价平均值为1∶128,128为

2^7,其平均对数值为 7,代入公式,则该批雏鸡最适首免日龄=4.5×(7-4)+5=18.5(天),如 1 日龄时 HI 抗体效价的平均对数值小于 4,即小于 1∶16,则该批鸡须在 1 周内免疫。

②每次免疫后 10 天监测:检验免疫的效果,了解鸡群是否达到应有的抗体水平。

③免疫前监测:大、中型鸡场于每次接种前应进行监测,以便调整免疫时期,根据监测结果确定是按时或适当提前或推后,以在最适时期接种。

(2)监测抽样 一定要随机抽样,抽样率根据鸡群大小而定。万只以上的鸡群抽样率不得少于 0.5%,千只至万只的鸡群抽样率不得少于 1%,千只以下的抽样不得少于 3%。

(3)检测方法 快速全血平板检测法:快速全血平板检测法,简称全血法。用来估计鸡群的免疫状态,如检出大量免疫临界线以下的鸡,需立即进行免疫接种,提高鸡群 HI 抗体水平。其操作简单快速,易掌握,适宜中、小型鸡场或养鸡专业户采用。

操作方法:先在玻璃板上划好 4 厘米×4 厘米方格,每方格在中央滴抗原液 2 滴,以针刺破鸡翅下静脉血管,用接种环蘸取一满环全血,立即放入抗原液中充分搅拌混合,使之展开成直径 1.5 厘米的液面,1~2 分钟后判定结果。

判定结果:根据凝集程度来判,若细胞均匀一致在抗原液中,抗原液不清亮,表明血液中有足量的 HI 抗体,抑制了病毒对红细胞的凝集作用,判定为阳性(+),若红细胞呈花斑状或颗粒状凝集,抗原液清亮,表明血液中缺乏一定量的 HI 抗体,判定为阴性(-),若红细胞呈现小颗粒状凝集,抗原液不完全清亮,有少量流动的红细胞,判定为可疑(±)。

现场每千只鸡抽测 20～30 只，若出现大量阴性鸡时，说明该群鸡免疫水平在临界线以下水平，须尽快接种。如出现大量阳性鸡时可适当推迟免疫期。

注意事项：操作宜在 15℃～22℃温度下进行，抗原液与全血之比以 10∶1 为宜，稀释后的抗原液不易保存，最好采用稳定抗原，因其血凝价稳定，试验结果准确，操作也简单。

19. 应采取怎样的方法加强对传染性法氏囊病的免疫监测？

传染性法氏囊病是对养鸡业威胁最大的另一种常见的急性传染病，因而应加强日常的免疫监测，主动了解家禽的免疫状况、有效地制订免疫接种计划，以达到防治疫病的目的。现主要介绍琼脂扩散试验对鸡传染性法氏囊病监测，该法简单易行，其操作方法如下：

(1)监测材料 抗原在－20℃保存。阳性对照血清在－10℃保存，有效期一般为 6 个月。被检血清采自被检鸡，血清应不溶血，不加防腐剂和抗凝剂。

(2)琼脂板制作 取琼脂 1 克、氯化钠 8 克、苯酚 0.1 纳克、蒸馏水 100 毫升，水浴溶化后，用 5.6％的碳酸氢钠将 pH 调至 6.8～7.2，分装备用，用前须将其溶化，倒入平皿内，制成厚约 3 毫米的琼脂板，冷却后 4℃冰箱保存。熔化琼脂倒入平板时，注意不要产生气泡，薄厚应均匀一致。

(3)打孔 首先在纸上画好 7 孔图案，如图 7 所示，把图案放在带有琼脂板平皿下面，照图案在固定位置打孔，外孔径为 2 毫米，中央孔径为 3 毫米，孔间距 3 毫米。打孔要现打现用，用针头挑下切下的琼脂时，注意不要使孔外的琼脂与平皿脱离。防止加样后下面渗漏而影响结果。

(4)抗原与血清的添加 点样前在装有琼脂的平皿上写明日期和编号。中央孔加入抗原0.02毫升，1、4孔加注阳性血清，2、3、5、6孔各加入被检血清，添加至孔满为止，待孔内液体被吸干后将平皿倒置，在37℃条件下进行反应，逐日观察，记录结果。

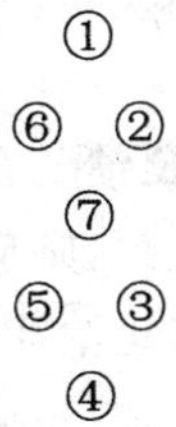

①
⑥ ②
⑦
⑤ ③
④

图7 琼脂板打孔位置

20. 养殖户求诊鸡病应注意的事项有哪些?

鸡的饲养过程中发生疾病是不可避免的，那么，鸡群发生疾病后养殖户应怎样做呢？下面将养殖户求诊鸡病时几点注意事项介绍如下。

(1)鸡群出现问题后最好不要自己随便用药 因为目前鸡病太多，而且有相似症状和病理变化的疾病也越来越多，因此，当鸡群发生疾病后，应尽快找专业兽医人员进行确诊，以避免造成不必要的损失。

(2)有病不要乱求医 有的养鸡户将2～3只鸡分别送到不同的地方去诊断，认为这样自己可以从中得出一个结论，其实这种做法在鸡病的诊断中并不适用，因为有时每只病鸡表现出的疾病可能不一样，除非你每次都带有一定数量的病、死鸡，并且都有代表性。

(3)详细询问 当兽医诊断完后，兽医人员一般会告诉你应怎样治疗，但有时可能交代不详细，若有疑问当场要问明白，对这种病的来龙去脉如发生的原因及危害程度、治疗时应注意的问题、治疗的效果(包括几天能够恢复、恢复的程度)等都要问清楚，而且以后应怎样预防也要问明白，避免以后再发生同样的疾病，并尽量掌握这种疾病防治方面的一些相关的知识。

(4)反馈 在治疗过程中若出现其他问题，或治疗效果与预期有差距，则应及时与兽医取得联系，把情况反馈给他们，以便于修正治疗方案，采取相应的处理措施，让鸡群尽快恢复正常。

21. 应从哪些方面来鉴别病鸡与健康鸡?

每天检查鸡群是养禽者必做的工作。根据检查群观察禽群的精神、活动、食欲与排粪情况，再结合检查家禽的采食量与饮水量，就可以了解到禽群的健康状况。健康鸡与病鸡其表征不同，应注意区别(详见表5)。及时发现并及早处置病鸡，能大大减少因病蔓延而造成的损失。

表5 健康鸡与病鸡的鉴别

项目	病鸡	健康鸡
精神	精神沉郁，行动迟缓，缩头闭眼，翅膀下垂，食欲不振，反应迟钝	精神饱满，活泼好动，行动迅速，眼大有神，食欲旺盛，反应敏捷
呼吸	呼吸困难，间歇张嘴，呼吸频率增加或减少	不张嘴呼吸，每分钟平均呼吸15～30次
鸡冠	紫红、黑紫或苍白色	鲜红色
眼和眼睑	眼神迟滞，眼睑肿，有分泌物	眼珠明亮，有神
鼻孔	有分泌物	干净，无分泌物
嗉囊	臌胀，积食有坚硬感或积水，早上喂食前积食	早上喂食无积食

续表 5

项　目	病　鸡	健康鸡
翼　窝	发热，烫毛	不发热
胫　部	鳞片干燥，无光泽	鳞片有光泽
泄殖腔	不收缩，黏膜充血、出血、坏死或溃疡	频频收缩，黏膜呈肉色
粪　便	液状或水样黄白色、草绿色、甚至为血便、沾污肛门周围羽毛	多为褐色或黄褐色，呈圆柱形，细而有弯曲，附有白色尿液
皮　肤	无光泽，呈暗色	有光泽，黄白色
羽　毛	蓬乱沾污，缺乏光泽	整齐清洁，富有光泽

22. 导致鸡腹泻的常见原因有哪些？

导致鸡腹泻的常见原因主要有以下几个方面。

(1)环境因素　导致腹泻的常见环境因素是鸡舍内温度过高。在炎热的夏季，鸡舍内温度经常超过 30℃，甚至高达 35℃以上。舍内笼养鸡或平养鸡因密度大，活动受限，散热极度不良，加上舍内通风远不如散养状态，使鸡体处于热应激状态。在这种状态下，鸡体通过加强呼吸，增加蒸发散热和多饮冷水来帮助降低体温。大量饮水使机体排出的水分增加，同时也使粪便变稀。鸡舍温度过高会导致中暑，鸡群中突然出现死鸡，死亡前排黄绿色稀便，剖检见肝肿大，内脏充血，体腔内有血样液体。这种原因引起的腹泻在气温下降或天气转凉后自然恢复正常。在天气炎热季节，应采取降温措施缓解热应激。另外，冬季鸡舍密闭时间过长，空气质量严重下降时，鸡群也会出现腹泻现象。解决措施为加大通风量，改变长时间密闭鸡舍的习惯，症状会很快缓解。

(2)饲料方面的因素

①饲料含盐量过高：鸡饲料的含盐量应为 0.25%～0.5%，以 0.37%为最适宜。当雏鸡饲料含盐量达 0.7%，成年鸡饲料含盐量达 1.0%时，引起鸡饮水增多，粪便变稀。饲料含盐量更高时还会引起中毒。治疗措施是，首先停喂高盐饲料，对症状轻的供给充足饮水，对重度中毒者则定时控制饮水，防止饮水过多造成食盐过快吸收而加重中毒。

②饲料含钙过高：按照鸡的饲养标准，肉鸡饲料的含钙量不应超过 0.9%，饲料含钙过高，抑制食欲，排白色浓石灰水样粪便，常见到白色粪便黏附在肛门周围的羽毛上。剖检可见这些部位形成白色尿酸盐结晶，肾脏极度肿大，表面呈白色条纹状，输尿管变粗，充满白色浓稠的尿酸盐，常见形成结石。治疗时，首先改喂不添加钙质的饲料 7～10 天，饮用促进尿酸盐排出的复合无机盐制剂(如肾肿解毒药)，以后喂按正常标准添加钙质的饲料，一般 7 天内可恢复正常。

③饲料品质不良：最常见的品质不良原料是变质鱼粉。食入变质鱼粉常导致鸡排出黑褐色稀粪。剖检可见腺胃到泄殖腔充满黑褐色内容物，有的肌胃角质层易剥离或形成溃疡。严重霉败的植物蛋白质饲料也会引起鸡腹泻，粪便恶臭，有时粪便呈绿色；种蛋孵化率严重下降，弱雏增多。治疗时首先停喂劣质饲料，改换优质饲料，在饲料中加入微生态制剂，增加维生素用量，并可同时添加营养性保健品。

④突然改换饲料：当配方突然发生较大改变，消化道黏膜的上皮细胞对这种改变不能马上适应，造成消化不良，粪便稀薄、散乱、不成团，有时粪便中出现未消化的饲料颗粒，习惯称之为“过料”。这时应对饲料进行调整，应采用渐进的改变方

法，用7天左右的时间逐步过渡到新的配方，并加大维生素的用量，以减轻应激反应对机体的影响。

(3)细菌性疾病引起的腹泻

①鸡白痢：雏鸡白痢多见于1个月龄以内的雏鸡，鸡群死亡率高，病鸡排白色糊状稀便，有的糊在肛门周围影响排粪，也有的不表现腹泻症状而很快死亡。剖检多见肺充血、渗出、呈紫红色，肝脏病变明显。治疗鸡白痢以氯霉素、痢特灵、卡那霉素、土霉素等效果最好。

②禽伤寒：禽伤寒常发生于中鸡和成年鸡。病鸡排黄绿色稀便，整群采食基本正常。病鸡剖检典型症状为肝肿大达正常的2～3倍，呈绿褐色或青铜色，可见到心包炎、卵黄破裂引起腹膜炎等。禽伤寒的治疗与鸡白痢相似。

③大肠杆菌病：当病原侵害肠道时，会导致肠炎，引起腹泻，粪便呈黄绿色。该病用痢菌净、氯霉素、卡那霉素、庆大霉素、环丙沙星等药物治疗效果良好。

④禽霍乱：禽霍乱由多杀性巴氏杆菌引起。急性型的表现剧烈下痢，排灰白色或黄绿色稀粪，有时带血。剖检病死鸡可见各浆膜、皮下脂肪和心冠脂肪等处密布出血点，肝脏肿大，有时切面和表面可见特征性的白色或黄白色极小的坏死灶，十二指肠黏膜点或弥漫性出血，肠内容物黄绿色，严重者呈红色。治疗禽霍乱应全群给药，环丙沙星对本病效果良好，与喹乙醇联合使用，效果更好。链霉素、土霉素等也有良好疗效。

⑤坏死性肠炎。病鸡排黑褐色或暗红色稀便，沉郁不食，流涎，羽毛逆立，很快死亡。慢性病例消瘦，排灰白或灰褐色稀便，逐渐死亡。剖检病变为小肠充气臌胀，肠腔内充满暗绿色内容物。肝脾肿大，充血，肝表面有灰黄色的坏死灶。小肠

下1/3肠段呈弥漫性黏膜坏死为本病特征。本病治疗可用庆大霉素、杆菌肽锌、林可霉素、氯霉素等。该病为条件性发病，平时应注意环境卫生，垫料保持干燥，注意预防球虫。平时饲料中可以添加杆菌肽锌预防。

(4)病毒性疾病引起的腹泻

①新城疫：鸡群发生典型嗜内脏型新城疫，病鸡排黄绿色或黄白色稀便，并同时出现喘气鸣音，后期出现神经症状。剖检病变主要是腺胃乳头出血，整个消化道都有出血病变，小肠常见枣核状溃疡病灶，盲肠扁桃体出血，胃肠内充满绿色内容物。鸡群发生非典型新城疫时，多数会出现腹泻症状。该病的治疗因具体情况而异。免疫鸡群疑似发病时，可采取下列措施处理：一是紧急注射高免卵黄抗体，同时使用具有清热解毒和抗病毒作用的中药制剂，配合对症治疗；二是新城疫系疫苗紧急接种，并配合一些辅助治疗措施。

②法氏囊炎：法氏囊炎多发生于25～40日龄雏鸡，发病鸡排黄白色石灰水样稀便，有的为黄绿色。剖检见胸肌、大腿肌肉顺肌纤维方向呈点状、条状或块状出血，肝脏呈土白色，或出现条带状浅色区。法氏囊初期肿大，周围有胶冻样渗出液包围。强毒感染时法氏囊呈紫葡萄状，囊内严重出血。本病的最佳治疗方法是肌内注射高免卵黄抗体，并配合抗病毒药和一些对症治疗措施。

③禽流感：鸡群发生禽流感时，肉仔鸡死亡率极高，多见头部水肿，排绿色稀便，采食量极度降低。剖检见肝肿大，质地极脆，腺胃出血，胃肠内容物呈青绿色。肠道轻度或中度出血，弥漫性或条纹状，但没有溃疡，神经症状仅限于抽搐或瘫痪，本病目前认为没有可靠的治疗药物。发病鸡群应封锁、焚毁，彻底消毒。疑似的轻症鸡群可使用盐酸金刚烷胺，配合具

有清热、解毒、抗病毒作用的中药制剂，饲料中维生素添加量增加3～4倍，用药5～7天。

(5)寄生虫性疾病

①球虫病：由于球虫在繁殖过程中破坏肠黏膜，造成严重的出血性肠炎，引起鸡的腹泻症状。出血最严重的可使肠管臌胀达手指粗，排血便。损伤较轻的鸡排出番茄酱样的稀便，有的带有绿色。球虫病的治疗药有多种，平时可用药物预防，治疗常用药物有氨丙林、马杜拉霉素、地克珠利、盐霉素、氯苯胍、克球粉等。因球虫易产生耐药性，治疗时可采用轮换用药、配合用药、穿梭用药等方法治疗。

②鸡蛔虫病和绦虫病：蛔虫和绦虫在鸡的肠道内会损伤肠黏膜，造成消化不良或肠炎，可在粪便中发现虫体或绦虫节片。剖检病鸡可见虫体。治疗蛔虫可用左旋咪唑、丙硫咪唑、阿维菌素等一次拌料喂服。绦虫可用丙硫咪唑、硫双二氯酚、灭绦灵、六氯酚、酚苯哒唑等治疗。

鸡有腹泻症状的疾病种类繁多，原因各异，在诊断时必须综合各种资料，做出合理判断。治疗时如不能确定具体病因，也应分清类型，特别是要尽早区分开细菌病和病毒病这两个主要类型，从而确定正确的治疗方案，避免盲目地治疗腹泻，延误病情，造成不必要的损失。

23. 冬春季常见的鸡病有哪些？应采取怎样的预防措施？

冬春季节气候变化异常，是疾病的高发期，常见的鸡疾病有新城疫、马立克氏病、法氏囊病、败血霉形体病、鸡白痢、鸡传染性支气管炎、鸡传染性喉炎、禽痘、禽霍乱、禽脑脊髓炎、禽大肠杆菌病。尤其在我国北方冬季，气候寒冷，是肉用仔鸡生产的淡季。但是,如果饲养管理得当,创造有利条件,冬季也能把鸡养好,获得较高的经济效益。为做好此阶段肉鸡疾病的防治工作,应做好以下工作:

(1)加强饲养管理 减少或消除各种应激因素,提高肉鸡的抗病力。在寒冷气候来临前搞好鸡舍维修,严密门窗,舍内糊好缝隙,门窗加挂保温帘子,适当增加垫料厚度,采用保温性能好的稻草、麦秸、稻壳等作垫料,以减少地面寒气影响,提高舍内温度。在不降低正常室温的前提下通风,减少鸡舍内有害气体和灰尘的含量。降低饲养密度。在饲养期间尽可能避免不必要的抓鸡和惊扰。转群、接种疫苗可以投放抗应激药物进行预防。冬季气温低,鸡体代谢旺盛,可适当提高日粮中的能量水平。

(2)搞好卫生消毒 鸡舍内外要勤清扫,料槽、饮水器要勤洗刷,粪便要勤除,同时要定期进行消毒,经常灭鼠、灭蚊蝇、灭蟑螂。

(3)加强鸡病防治 对鸡的病毒性传染病和部分细菌性传染病,要按免疫程序防疫,做到免疫程序化,疫情检测制度化。鸡病一旦发生,要及时进行治疗。

24. 夏季常见的鸡病有哪些以及应采取怎样的预防措施?

盛夏酷暑,天气高温、高湿、高燥,对肉鸡的生产极为不利,病毒、细菌、寄生虫的侵袭蔓延,容易成为鸡传染病的多发季节,夏季最常见的鸡病有中暑、大肠杆菌病、营养性疾病、黄曲霉中毒、球虫病、鸡霍乱、鸡新城疫,因而应切实搞好鸡病的综合防治。

第一,加强饲养管理。

防暑降温是夏季养好肉鸡的关键环节。在鸡舍前面搭棚遮阴，防止阳光直射鸡舍；往鸡舍内喷洒凉水，同时打开门窗，使舍内空气对流，这样可有效地降温。

降低饲养密度。适当降低饲养密度有利于鸡舍内的降温和防潮。若采用舍内厚垫料平养方式，其各阶段的饲养密度为：1～2 周龄，25～40 只/米^2；3～4 周龄，15～25 只/米^2；5～8 周龄，10～12 只/米^2。

夏季的高温环境使肉用仔鸡的采食量明显减少，一般可减少 10%～15%。为了满足因采食量下降而营养不足的需要，可减少日粮容积，增加蛋白质饲料比例。

炎热的夏季，肉用仔鸡的呼吸加快，鸡体水分蒸发量大，饮水量明显增加。所以，必须供给充足的饮水，保持饮水的清洁卫生。

因夏季中午气温较高，鸡群采食量低，应坚持白天少喂，早晚多喂。

第二，搞好卫生消毒。

第三，加强鸡病防治。

25. 秋季常见的鸡病有哪些以及应采取怎样的预防措施？

秋季气温多变，也是雨水、雾气多发的季节，容易成为鸡传染病的多发季节，常见的有鸡痘，鸡球虫病、鸡虱、鸡的肠毒综合征、呼吸道病等。为做好此阶段肉鸡疾病的防治工作，应做好以下工作：

(1)加强管理 控制鸡舍温度，保持舍内温度变化小于10℃。白天温度高时要降温，秋季极端高温日很少，自然或机械通风即可。夜间温度较低时要保温，关闭门窗，严防贼风侵袭。

(2)减少应激 呼吸道病往往为应激反应所诱发,因此要尽量减小应激反应强度,缩短反应持续时间。

避免应激叠加,如免疫和断喙不要一起进行。

选择应激反应小的方法进行,如疫苗接种在达到效果的前提下,可采取饮水的不要注射。

饲料、饮水中要加入抗应激的药物。

(3)强化生物安全措施,加强环境消毒 保持舍内外环境卫生,禁止无关人员入舍。工作服、用具等定期清洗消毒。

(4)发病后及时治疗 若是病毒病,可用病毒唑、病毒灵、金刚烷胺等药物治疗;若是细菌或霉形体,可用红霉素、泰乐菌素、阿奇霉素、恩诺沙星等药物治疗。治疗的同时,要加强管理,对未发病的群体要预防性用药。

26. 养殖户如何掌握鸡病防治技术?

鸡病仍是影响养鸡业健康发展的重要因素之一。现今疫病发生日趋复杂,一些病毒性疫病的鉴别诊断增加了难度;多病原继发或混合感染疗效不佳的情况时有发生;细菌的耐药性问题日益显著。虽然各种兽药经销部、兽医门诊部数量增加很多,但由于其兽医基础理论与诊疗技术相对欠缺,养鸡户并未从这种服务中获得效益。因此,为了更好地掌握鸡病防治技术,养殖户应从以下几个方面加强自身素质:

(1)饲养管理基本知识的掌握 鸡的品种特征、生理特性、饲养密度、通风、光照时间与强度、不同阶段的采食量、体重、营养标准等基本知识应掌握。虽然是一些畜牧基础知识,但对鸡病诊治大有裨益。

(2)示病症状与示病病变应谙熟在心 鸡的一些异常症

状、病变是特异性的或独有的，往往可对鸡病做出初步诊断。另外，注意近年来常发疾病的新发特点。通过剖检，能初步判定哪些病变是病毒性的，哪些是细菌性的，哪些是霉形体、衣原体、真菌性的。

(3)注意鉴别诊断 喉气管炎、支气管炎、霉菌性肺炎、禽流感、鸡新城疫、肺型鸡白痢、黏膜性鸡痘等异常呼吸症状及表现如何鉴别，衣原体与支气管后遗症引起的输卵管囊肿如何鉴别，鸡马立克氏病与淋巴白血病肝肿瘤的区别，低致病力禽流感与鸡新城疫的区别，脑型大肠杆菌与B族维生素缺乏的区别，黏膜性鸡痘与喉气管炎的区别，肺型鸡白痢与霉菌性肺炎的区别等。

(4)注意多病原感染 鸡病发生往往是多病原混合或继发感染，注意分清致病因素中哪些是主要矛盾，哪些是次要矛盾，切忌头痛医头、脚痛医脚。

(5)鸡病治疗原则

联合用药注意多病原感染。

1日药量集中于一次饮水或拌料中。

标本兼治，抑杀病原与缓解症状不可偏废。

全群治疗与个体治疗相结合。必要时对鸡群或病鸡个体肌注或灌服药物。

注意药物吸收途径及配伍情况合理用药。

鸡病初发期、高峰期、稳定期、恢复期、维持期的用药，原则上应有所区别，实际工作中应注意把握。

合理运用免疫治疗(疫苗紧急接种、高免抗体注射、干扰素、白细胞介素、转移因子、核酸制剂、肽制剂应用等)，化学药物治疗，微生态治疗。

27. 养殖户在病鸡剖检中需要掌握的剖检技术以及要点是什么?

鸡体患病后,其体内各器官将发生相应的病理变化。因此,通过解剖,找出病变的部位,观察其形状、色泽等特征,结合生前诊断,从而可确定疾病的性质和死亡的原因。

(1)杀死病鸡的方法

①断头:用锐利的剪刀在颈部前端剪下头部,这种方法适用于幼雏。

②拉断颈椎:用左手提起鸡的双翅,右手食指和中指夹住鸡的头颈相连处,拉直颈部,用拇指将鸡的下颌向上抬起,同时食指猛然下压,使脊髓在寰椎和枕骨大孔连接处折断。折断后应抓住鸡的双翅以防止扑打,直至挣扎停止。这种方法适用于大雏或青年鸡。

③颈静脉放血:拔除颈部前端的羽毛,一只手将鸡的双翅和头部保定好,另一只手用锋刀在颈部左下侧或右下侧剪断颈静脉,使血液流出,直至病鸡因失血过多而死亡。这种方法适用于成年鸡。另外,还有口腔放血法、脑部注射空气法。

(2)剖检前的准备 剖检前准备好必要的器械,如解剖剪、手术剪、手术刀、解剖刀、镊子、乳胶手套等。如要进行病原分离,上述器械要经过严格的消毒处理,一般采用高压灭菌方法。若要采集病料进行组织学检查,还要准备好固定液和标本缸等。

(3)体腔剖开 将鸡的尸体用水浸湿,仰卧于剖检台或剖检盘内,在两侧的大腿和腹部之间切开皮肤,用力下压两大腿并向外折,使股骨头和髋臼脱离,这样使两腿外展,防止尸体在剖检时翻转。

开始剥皮由口角沿腹正中线经气管、胸骨脊至泄殖腔切开皮肤，然后向左右侧剥开皮肤。

胸腔的剖开是自胸骨的后内突（后胸骨）后缘纵切腹壁至泄殖腔，再于胸骨后内突后缘向左右侧各切一与纵切线垂直切线。然后将胸骨上的肌肉切下，沿胸骨两侧用解剖剪向前剪断肋骨、乌喙骨和锁骨。左手握住胸骨，用力拉向前上方，剪断连接的软组织，取下胸骨放于一侧，这时内脏全部露出。

将结肠在与泄殖腔交界处结扎剪断，再于腺胃前剪断食管，摘出腺胃、肌胃及肠。用手术刀柄伸入肋骨间窝剥离出肺脏，于支气管分支口剪断气管，然后用镊子提持下剥离各部联结组织，将心脏、肝脏、肺脏和脾一起摘出，再用与摘出肺脏同样的方法剥离出肾脏。卵巢与输卵管同时取出。

用手术剪插入口腔，从喙角开始剪开口腔、食管、嗉囊及气管。

用剪刀将鼻孔上面的皮肤和上颌骨横向切开。鸡脑的摘出，是先除去颅部肌肉，用解剖剪或手术剪剪开颅盖，切线为前经眼角、后经枕骨大孔的环状切线，取下颅盖后，即可取出脑。

器官的检查，一般多在颈部、胸腔及腹腔器官摘出后一起检查，也可在各部器官摘出后立即分别进行检查。

28. 养殖户如何通过观察鸡粪来鉴别鸡病？

鸡的消化道短，饲料通过快，成鸡需要 4 小时左右。病鸡排便的次数更勤，1 日可达 20 次以上。其颜色可因饲料种类不同而异，多为灰绿色或酱黄色，若喂肉、鱼，粪多为褐色。倘若过硬或过稀则是由于饮水不足或过量而造成的。但过分松软则是因为饲料中糠麦过多。如鸡粪在质、量、形和色泽上出现异常，则可能是鸡病造成的。鸡粪的变化常常是一些疾病发生的预兆，有的还有特征性。通过观察鸡粪的特征性变化，再结合临床病状和病理剖检，往往可对鸡常见腹泻性疾病进行简易鉴别。

(1)白色稀粪　多由于鸡肠黏膜分泌大量的肠液及尿酸盐增多造成。引起肾损害的营养性因素或传染病都可造成尿酸排泄障碍，使尿酸盐增多，排白色稀便。常见的鸡病有雏鸡白痢、传染性法氏囊病、禽霍乱、雏鸡大肠杆菌病、尿酸盐沉积等。

(2)绿色稀粪　重病末期，由于食欲废绝，肠道中无内容物，肠黏膜发炎，肠蠕动加快，黏液分泌增多，绿色为胆汁或肠液混合物。常见有新城疫强毒感染、低致病力禽流感、传染性滑膜炎、呼吸型传染性支气管炎、急性伤寒等。

(3)水样稀便　常见有食盐中毒、肾型传染性支气管炎、鸡副伤寒等。

(4)棕色或黑褐色稀便　主要见于肠道出血性疾病。肠后段出血呈棕红色稀便，主要见于盲肠球虫；肠前段出血，粪便呈黑褐色，常见于青年鸡小肠球虫病或一些急性传染病和慢性中毒病。如盲肠球虫病、小肠球虫病、组织滴虫病、黄曲霉毒素中毒、砷中毒。

(5)泡沫状稀便　粪便呈黏液状，中间有小气泡，主要由于鸡舍过于潮湿，受寒感冒或核黄素缺乏引起，其肠内容物发酵产生气体混入粪便。

(6)带水软便　粪便多而清，周围带水，常见于消化不良。多由于饲料调配不当或难以消化等原因造成。

29. 养殖户如何通过观察腿部变化来鉴别鸡病?

养殖户在饲养过程中有很多难以鉴别的疾病,鸡腿病就是其中的一种。鸡腿病主要是由遗传、营养、传染和环境等因素所致。轻者生长受阻,影响增重,重者则终身残疾,造成较大的经济损失。为快速准确查清病因,现将常见的鸡腿病鉴别诊断浅述如下。

(1)营养缺乏症

①钙、磷和维生素 D_3 缺乏或钙、磷比例失调:软骨、龙骨弯曲,跗关节肿大、跛腿、瘫痪。

②锰缺乏症:常见有骨短粗症和脱腱症。骨短粗症表现为胫跗关节肿大,腿骨变粗变短,鸡为跛行。脱腱症初期表现为病鸡跗关节严重变形,患肢显得变长;病程稍长的,跗关节变扁长平,表现向内或向外弯曲,呈“内八字”或“外八字”半蹲伏状态。严重者跗关节着地移动或麻痹卧地不起。

③维生素缺乏症:一是维生素 B_1 缺乏症。病鸡鸡腿屈曲,坐地头向后仰,呈“观星状”;二是维生素 B_2 缺乏症。鸡跪着走路,也就是鸡走路时以飞节着地,两翅展开。另一个主要标志是足趾爪向内弯曲蜷缩;三是维生素 A 缺乏症。运动失调,走路不稳,喙和小腿皮肤的黄色消失;四是维生素 B_6 缺乏症。神经兴奋性增强,两腿麻痹,运动失调。

④锌缺乏症:腿关节增粗和骨短粗,严重者腿骨异常弯曲。

⑤硒和维生素 E 缺乏症:运动失调,两腿急促收缩和张弛交替发生。翅和腿不完全麻痹,趾爪蜷曲,运动障碍,跛行、瘫痪。

(2)传染性疾病

①马立克氏病:较常见的是一条腿麻痹,当另一条正常的腿向前迈步时,麻痹的腿跟不上来,拖在后面,形成“大劈叉”姿势。

②鸡败血霉形体感染:关节肿胀、跛行、发育迟缓,切开肿胀关节,见有黄色黏稠,奶油状渗出物蓄积。

③鸡病毒性关节炎:病鸡胫骨变粗,向上蔓延到膝部,故用膝着地伏坐而不愿行走。

④鸡丹毒:慢性经过,可见大腿部有紫红色斑点或呈条状出血,严重时两腿麻痹,全身瘫痪。

⑤鸡大肠杆菌病:在跗关节走位呈竹节状肿胀,跛行,关节液浑浊,有的发生腱鞘炎,步行困难。

⑥鸡传染性脑脊髓炎:由于肌肉运动不协调而活动受阻,受到惊扰时就摇摇摆摆地移动,然后蹲下甚至躺倒,有些甚至不愿移动或只靠跗关节或小腿走动。

⑦幼鸡传染性骨关节炎:急性经过的主要表现为跛行,各关节对称性明显肿胀,热痛,呈青紫色。慢性经过的主要表现跛行、关节肿大、坚硬、趾爪蜷缩、硬脚垫。

⑧鸡葡萄球菌病:表现为蹲伏、跛行、瘫痪或侧卧,足、翅关节发炎肿胀,尤以跗、趾关节肿大者较为多见。

⑨黄曲霉素中毒:食欲降低,生长受阻,跛行,翅下垂、昏睡,死前出现痉挛,角弓反张。

对发生腿病的患鸡,要立即查清病因,采取相应有效的治疗措施。营养性的要改善营养条件,满足其需要;病原性的用抗生素或疫苗防治效果较好。对恢复无望者应尽早淘汰。

30. 病毒性传染病的防治对策有哪些？

(1)鸡新城疫　又名亚洲鸡瘟，在我国民间俗称鸡瘟，是由新城疫病毒引起的一种急性、高度接触性传染病。主要临床特征是突然发病，传播迅速，呼吸困难，排绿色稀便，鸡冠呈紫红色，死亡较快。如果病程稍长，则出现神经失调等一些症状。应从以下方面做好防治工作：搞好卫生消毒，加强饲养管理，防止病原侵入。免疫接种是预防新城疫发生的关键。鸡新城疫疫苗分为活毒苗和油乳剂灭活苗两类。常用的活毒苗有Ⅰ系、Ⅱ系、Ⅲ系和Ⅳ系四种。由于疫苗的毒力有所不同，在进行预防接种时应根据鸡群日龄的大小、免疫状态和免疫方式等选用相应的疫苗。据国内外有关资料说明，鸡新城疫免疫程序，并无一定的模式。设计免疫程序时，应考虑如下几个要点：根据1日龄雏鸡母源抗体水平的高低和抗体水平的衰减程度，确定首免日龄；雏鸡免疫器官发育尚未成熟，宜选用弱毒疫苗进行基础免疫；雏鸡阶段，体内产生的抗体衰减较快，120日龄以前，可酌情安排2～3次弱毒疫苗接种；在每次免疫接种后，一般弱毒苗是15～20天，油乳剂灭活苗是30～40天，进行免疫检测，根据检测结果，适当调整免疫程序，确定最佳免疫日期。

(2)禽流感　又称欧洲鸡瘟，是由流感病毒引起的禽的一种急性接触性传染病总称。主要临床特征是突然发病，死亡快，头面部肿胀，呼吸困难，鸡冠、肉髯发绀，严重腹泻。病程稍长时，出现软瘫等神经失调的症状。本病尚无可靠的治疗方法。因此，应做好该病的综合防制工作：加强鸡群饲养管理，喂给全价饲料和清洁饮水，及时清理粪便，保持舍内空气卫生。使鸡群具有健康的体质，以提高鸡群的抗病力；注意国内外鸡流感发生的信息，避免从疫区引进种蛋、种雏和观赏鸟类，对可疑带毒的人员和物品，要进行严格检疫。大、中型鸡场要制定严格的参观制度和防疫消毒制度；本病发生时多有传染性支气管炎、鸡支原体病或沙门氏菌等混合感染，药物治疗可起到一定效果。

(3)禽传染性支气管炎 是由冠状病毒科的传染性支气管炎病毒引起的一种急性、高度接触性呼吸道疾病，因毒株不同，又分为呼吸型、肾型、腺胃型。本病的特征为气管啰音，咳嗽，打喷嚏，呼吸高度困难。肉仔鸡表现出呼吸困难，流鼻液，甩鼻，喘气或肾脏感染，死亡率增高。若为单纯支气管炎病毒，不是肾脏病变型株侵害，则死亡率低。本病目前尚无特异性治疗方法，饲养过程中降低饲养密度，加强通风，减少各种应激，严格卫生消毒措施。肾型传支可用含有 T 株的弱毒疫苗或灭活苗进行免疫。腺胃型传支用灭活苗接种，据报道有较好预防效果。目前对本病尚无特效疗法，可用中药及青霉素、链霉素、泰乐菌素等控制病情的发展，防止细菌继发感染，连用 1 周，可以缩短病程，减少死亡。

(4)鸡传染性喉气管炎 是由病毒引起的一种急性呼吸道传染病。主要临床特征是发病较快，张口喘息，甩头咳嗽，常咳出带血的分泌物。应从以下方面做好防治工作：加强平时饲养管理，改善鸡舍通风，注意环境卫生，不引进病鸡，严格执行消毒措施，防止病原入侵。非疫区鸡群不接种疫苗，疫区可用弱毒疫苗点眼、滴鼻或饮水免疫。以点眼效果最好，临床上常见因饮水免疫出现的免疫失败。本病尚无有效治疗方法，鸡群一旦发病，应及时隔离淘汰病鸡。发病鸡群每天用高效消毒药进行 1～2 次带鸡消毒，同时投服泰乐菌素、红霉素、羟氨卞青霉素等抗菌药物，防止细菌继发感染，配合化痰止咳的中药，可缓解症状、减少死亡。

(5)鸡传染性法氏囊病　又称传染性腔上囊炎。临床特征是精神委靡，食欲废绝，严重腹泻，脱水，传播迅速，发病率高达 90%～100%，死亡率高达 30%～70%。本病目前尚无有效的治疗方法。可用高免卵黄抗体治疗。在预防上，只要加强鸡群的饲养管理，做好防疫消毒工作，按免疫程序接种疫苗，就会收到良好的免疫效果。

①给雏鸡接种疫苗：选用鸡传染性法氏囊病弱毒疫苗，给雏鸡进行二次饮水免疫接种。对无母源抗体的雏鸡，首次免疫 5～6 日龄，第二次免疫为 20 日龄。对有母源抗体的雏鸡，首次免疫为 14～18 日龄，二次免疫为 28～32 日龄。饮水免疫要增加 25%的疫苗免疫量，并在饮水中加入适量脱脂奶粉。

②给种鸡接种疫苗：选用鸡传染性法氏囊病油乳剂灭活苗，给 18～20 周龄的种母鸡进行皮下或肌内接种，每只接种量为 0.5～0.6 毫升，2 周后体内可产生高滴度的抗体。这种抗体通过种蛋传递给雏鸡，雏鸡母源抗体可持续 2～3 周。

③卵黄抗体疗法：用毒力较强的疫苗，给开产母鸡接种。培养高滴度抗体母鸡，然后取其卵黄，加入生理盐水，青、链霉素及硫柳汞，搅拌制成卵黄匀浆液。在发病早期，用卵黄液进行皮下或肌内注射治疗，每只雏鸡用量 1 毫升，可迅速控制疫情，降低发病死亡率。若同时加用广谱抗生素类药物和肾肿解毒药，再用威力碘药液带鸡喷雾消毒，防治效果更好，鸡群死亡率可降低至 3%左右。

(6)鸡马立克氏病　是由 B 亚型疱疹病毒引起的一种肿瘤性传染病。主要临床特征是单侧或双侧性肢体不全麻痹，内脏形成淋巴瘤，鸡冠发白或变紫，体质衰竭消瘦，病程一般较长，有时死亡率较高。本病尚无有效治疗方法。根据病原生物学特性和发生的一些特点，采取综合性防制措施，会取得良好的防制效果。

①防疫卫生消毒制度：要有严格的防疫卫生消毒制度，防止马立克氏病毒对鸡场的污染。

②加强鸡群的饲养管理：雏鸡和成年鸡要分群隔离饲养，实行“全进全出”的饲养管理制度，孵化室和育雏舍要远离成年鸡舍，要逐渐培育抗马立克氏病的种鸡品系。

③接种疫苗：是预防鸡马立克氏病的重要措施，现用的疫苗有 3 种。一种是火鸡疱疹病毒疫苗，火鸡疱疹病毒与马立克氏病毒有交叉免疫作用，对火鸡和鸡无致病力。该苗应用时间较早，而且应用广泛，对马立克氏病的预防曾起到很大的作用。第二种是马立克氏病毒 2 号毒株致弱后的弱毒疫苗。第三种是马立克氏病毒超强毒株致弱后作疫苗用。为预防本病发生可在雏鸡出壳后接种。

31. 细菌性传染病的防治对策有哪些？

(1)鸡白痢 是鸡白痢沙门氏菌引起鸡危害严重的一种传染病。主要侵害 2 周龄以内的雏鸡，主要临床特征是排白色稀便、脱水，经常呈败血症经过，死亡率高达 30%以上。成年鸡呈慢性经过或隐性感染。应从以下方面做好防治工作。

①定期检疫：种鸡群要定期进行白痢检疫，发现病鸡及时淘汰。

②加强选择与消毒：种蛋、雏鸡要选自无白痢鸡群，种蛋孵化前要经消毒处理，孵化器要经常消毒。

③加强雏鸡的饲养管理：育雏舍应保持清洁卫生。室温应根据雏鸡日龄进行调整，料槽和饮水器应及时清洗消毒，注

意通风换气，合理分配日粮。

④药物预防：出壳后的雏鸡可用0.01%高锰酸钾溶液饮水2～3天。也可在饲料中添加药物，连用3～5天，有利于控制鸡白痢的发生。

⑤治疗：一是土霉素或四环素拌料，每千克饲料内加2克，连续用药5～7天。二是痢菌净散（2%）按0.06%～0.08%配比混入配合饲料内，连续用药3～5天。三是强力霉素饮水，每升水加50毫克，连饮3天。四是氟哌酸：饮水，每升水加0.1克；拌料，每千克饲料加0.2～0.5克，连用3～4天。另外，急性败血症或有其他细菌混合感染的严重病例，根据药敏试验或临床治疗经验，可选用链霉素、青霉素、卡那霉素、庆大霉素等针剂，进行肌内注射治疗。

(2)鸡霍乱 又名鸡巴氏杆菌病、鸡出血性败血症，是由多杀性巴氏杆菌引起的一种急性败血性传染病。主要临床特征是腹泻，排黄绿色稀便，发病突然，传播快，死亡率高。以全身出血性变化和肝脏多发性坏死为特征。

①加强鸡群的饲养管理：创造良好的环境卫生条件，消除应激因素的影响，及时清除粪便污物，做好防疫消毒工作，防止外来感染，切断各种传播途径。

②接种菌苗：目前，有弱毒活疫苗和灭活疫苗，禽霍乱氢氧化铝甲醛苗，禽霍乱G190H40活菌苗和禽霍乱组织苗。免疫期为3～5个月。按疫苗的说明接种。

③药物预防：在常发病地区和易感季节，可选用广谱抗菌药，按治疗量混入饲料内，连续混饲3天，间隔数日后再酌情混饲3天。这种间断性的药物预防措施，对细菌性感染均有效，对提高成活率、降低死亡率也有明显效果。

④治疗：多种抗菌类药物对本病均有良好的治疗效果。

急性鸡霍乱，应采用注射疗法，同时配合混饮疗法；慢性鸡霍乱，可采用混饲和混饮疗法。一是青霉素：肌内注射，每千克体重2万～5万单位，每天2～3次，连续治疗2～3天。二是土霉素粉：按0.08%～0.1%配比混入配合饲料内，连续用药5～7天。也可同时加入0.04%～0.06%复方敌菌净粉剂协同治疗。三是痢菌净散剂（含痢菌净2%）：按0.06%～0.08%配比混入配合饲料内，连续用药3～5天。也可用痢菌净注射液，混饮，每盒5支，50毫升，可供100只鸡饮用，连续饮用3天。四是氟哌酸：拌料，每千克饲料1克；饮水，每升水加0.5克，连用3～5天。

(3)鸡伤寒 是鸡伤寒沙门氏菌引起的一种急性或慢性败血性传染病。主要侵害3月龄以上的鸡，主要临床特征为突然停食，排黄绿色粪便，鸡冠、肉髯苍白、皱缩。应从以下方面做好防治工作。

①加强饲养管理：严格实行卫生防疫制度，做好种蛋的收集、保存和消毒，育雏室应保持清洁卫生。料槽和饮水器应及时清洗消毒，注意通风换气。

②切断传播途径：重病鸡及时淘汰处理，轻病鸡隔离治疗，鸡舍及场地要彻底消毒。

③预防：预防药物用痢特灵，按0.02%～0.04%比例混饲料。雏鸡每天每只在饮水中饮服链霉素0.01克，也有较好的效果。

④治疗：可参考鸡白痢。

(4)鸡大肠杆菌病 是由致病性大肠埃希氏菌引起的一类传染病。主要临床特征是引发急性败血症和气囊炎、脐炎、关节炎、卵黄性腹膜炎、脑炎、肠炎和全眼球炎等，其中雏鸡大肠杆菌败血症，会引起较高的死亡率。应从以下方面做好防治工作。

①加强管理:加强鸡群的饲养管理和育雏期管理。鸡群密度要适宜,冬季注意舍内保温,夏季防止湿潮,舍内通风换气良好,保持地面垫草、料槽、饮水用具的卫生。

②保持种蛋卫生:不要被粪便污染,做好种蛋入孵前的熏蒸消毒工作,做好孵化室和孵化设备用具的消毒工作,及时清除死雏,破蛋、蛋壳和羽毛等污物,保持室内卫生。加强育雏舍的卫生防疫消毒工作,定期消毒,可选用威力碘、百毒杀等有效浓度的药液,每周进行1～2次带鸡喷雾消毒,预防细菌经呼吸道感染。

③免疫注射:目前生产的具有3～4种血清型多价油乳剂灭活苗,免疫效果较好。可按菌苗说明书,在4周龄和18周龄分别进行免疫接种,幼雏可获得母源抗体保护。在接种菌苗前后1周内,不要用各种抗菌类药物。

④定期用药预防:定期在饲料和饮水中添加一些抗菌药物来预防。

⑤治疗:大肠杆菌对药物容易产生耐药性,所以要选择敏感药物进行治疗。2种以上的药物可同时应用,也可交替应用。治疗方法一般采用混饲和混饮疗法,对病情较严重的病例,还要进行肌内注射疗法。一是乐菌素粉:将每袋100克粉剂,溶于50～60升饮水中,供鸡自由饮用。每天给药2次,可连续用药3～5天。二是氟哌酸或环丙沙星:拌料,每升饲料加0.5～1克;饮水,每升水加0.2～0.5克,连续用药3～5天。三是庆大霉素肌内注射,每千克体重1万～2万单位,每天2次,连续治疗3天。四是四环素或土霉素:拌料,每千克饲料加1～2克,连喂3～5天。

(5)鸡葡萄球菌病 主要是由金黄色葡萄球菌引起的一

种人兽共患传染病。临床上有多种病型,常见的有急性败血症型,脐炎,皮肤出血、水肿,关节炎和眼炎等。应从以下方面做好防治工作。

①搞好鸡舍卫生和消毒,减少病原菌的存在:选用高浓度无腐蚀性的百毒杀消毒药或用0.3%过氧乙酸,对孵化室、孵化设备等用具彻底消毒,室内工作人员,要保持自身衣物和手的卫生。鸡笼和鸡舍内不要有尖锐物,以免皮肤、脚掌受刺伤。在刺种鸡痘疫苗或注射接种其他病疫苗时,要做好皮肤消毒工作。同时在配合饲料内,连续加用3~5天抗菌药。

②免疫接种:目前国内研制的葡萄球菌油佐剂灭活苗,免疫效果较好。雏鸡在30日龄时,每只皮下注射1毫升。

③治疗:根据药敏试验,可选用青霉素、红霉素、新霉素、卡那霉素、庆大霉素等敏感药物,适时进行早期治疗。治疗一般采用混饲疗法和混饮疗法,对急性败血症型采用肌内注射疗法。

庆大霉素:用硫酸庆大霉素肌内注射,每千克体重1万~2万单位,每天2次,连用3天。

红霉素粉剂(高力米先):在100克内含红霉素纯品5.5克,可混入10~15千克配合饲料内,也可加入15~20升饮水内,连续用药5~7天。

硫酸卡那霉素:病雏肌内注射,每只2万~5万单位,每天1次,连续治疗2~3天。

环丙沙星:拌料,每千克饲料加1克;饮水,每升水中加0.5克,连用3~5天。

(6)鸡链球菌病 是由致病性链球菌引起的一种急性或慢性传染病。主要临床特征为急性型多呈败血症经过,死亡率高;慢性型多为局部感染,表现为纤维素性心包炎和心内膜炎，纤维素性关节炎以及纤维素性卵巢输卵管炎，死亡率较低。本病的预防应采取综合性防制措施，加强饲养管理，改善环境条件，消除应激因素的影响，增强鸡体的抗病能力。发现病鸡应立即隔离，并对鸡舍和用具进行彻底地清洗和消毒，选用有效的消毒剂，每天带鸡喷雾消毒 1～2 次，以杀灭鸡舍内的病原菌。也可定期在饲料中添加药物预防。治疗可用链霉素、青霉素、红霉素、庆大霉素、新生霉素、四环素等药物进行治疗，由于链球菌耐药菌株较多，用药前最好进行药敏试验。

四环素粉剂：按 0.06%～0.1%配比，混入配合饲料内，连续用药 5～7 天。也可加入 0.04%～0.06%复方敌菌净粉剂协同治疗。

庆大霉素：每只成年鸡 3 万～5 万单位，肌内注射，每天 1 次，连续用药 3 天。

青霉素钠盐：每只病鸡 2 万～4 万单位，肌内注射，每天 1 次，连续用药 2～3 天。同时配合其他药物的混饲疗法和混饮疗法。

链霉素雏鸡每只 1 万～2 万单位；中鸡 3 万～5 万单位；成鸡 5 万～10 万单位。肌内注射，每天 1 次，连用 3 天。

(7)鸡传染性鼻炎　是由鸡副嗜血杆菌引起的一种鼻、鼻旁窦和气管上部卡他性炎症为特征的急性呼吸道传染病。主要临床特征是鼻腔、鼻旁窦黏膜发炎，眼皮及其周围的颜面部肿胀，流水样鼻液，打喷嚏，流泪，厌食和腹泻。应从以下方面做好防治工作：

①实行“全进全出”的饲养管理制度：批次之间要彻底消毒，空舍 1～2 周后再引进雏鸡。对育成鸡舍和成年鸡舍，也需严格消毒，空圈 1～2 周后，再转入新鸡。

②鸡群饲养管理：密度不宜过大，要保持鸡舍环境卫生，

通风良好。早春寒冷季节育雏，要注意保温。要及时更换垫草，防止潮湿，不要喂发霉变质的饲料。

③免疫接种：目前国内研制生产的鸡传染性鼻炎油佐剂灭活苗，包括 A 型单价苗和 A、C 双价苗两类，免疫效果良好。

④治疗：鸡群发病后，及早投药能有效控制本病。一是土霉素粉剂：按 0.06%～0.1%配比，混入配合饲料内，连续用药 5～7 天。也可同时加入 0.04%～0.06%复方敌菌净粉剂协同治疗。二是硫酸链霉素：每只成年鸡肌内注射 0.15～0.2 克，每天 1 次，连用 3～4 天。三是红霉素：饮水，每升水中加 1 克，连饮 4～5 天。

(8)鸡败血支原体病 应从以下方面做好防治工作：

①建立无病鸡群：淘汰阳性鸡和可疑阳性鸡，结合卫生管理措施，培育健康种鸡群。

②预防性给药：对种鸡群，可选用 2～3 种敏感性抗菌药物，做预防性给药。药物要交替应用，混饲与混饮相结合，使种鸡无败血支原体感染，保持种蛋无菌，防止该病经蛋传递。

③种蛋消毒：对可疑污染种蛋，加温 37℃，放入 0.1%红霉素溶液内，浸泡 15～20 分钟，使药液渗入种蛋内，可以降低种蛋的带菌率，但对孵化率稍有影响。

④出雏的消毒：孵化出雏后，用较高浓度的链霉素水溶液，对每盒雏鸡喷雾，每盒 100 只雏鸡用药 1～2 克，然后转入育雏舍，再连续饮用 3～5 天链霉素水。

⑤免疫接种：目前国内研制生产的鸡支原体油乳剂灭活苗，美国研制生产的弱毒菌苗，均有良好的免疫效果。雏鸡 7 日龄、20 日龄，用灭活苗肌内注射 1 个剂量作基础免疫；60 日龄用弱毒冻干苗点眼免疫。

⑥对发病鸡群，要及时治疗：一是泰乐菌素：每袋100克，混入50～60升饮水内，供鸡自由饮用，连续饮用3～5天。二是红霉素：以0.1%比例自由饮水，连用3～5天。三是强力霉素：以0.02%～0.05%比例自由饮水，连用3～5天。四是支菌净：以0.03%～0.05%比例混饲，连用3天。五是环丙沙星：以0.005%～0.01%比例自由饮水，连用3～5天。

(9)鸡坏死性肠炎 是由魏氏梭菌引起的一种急性非接触性传染病。其主要的临床特征是突然发病，排红褐色或黑褐色煤焦油样稀粪，暴发性死亡。平时应加强饲养管理，做好鸡场的卫生和消毒工作，加强动物蛋白性饲料的保管，防止有害菌的污染。为防止本病的发生，也可在饲料中添加一些药物进行预防。发生本病后，可用下列药物治疗。

杆菌肽：雏鸡每只每次0.7～3.6毫克，青年鸡3.6～7.2毫克，成年鸡7.2毫克，拌料，每天2～3次，连用5天。

青霉素：雏鸡每只每次0.2万单位，成年鸡2万～3万单位，混料或饮水，每天2次，连用3～5天。

红霉素：每天每千克体重15毫克，分2次内服；或拌料每千克饲料加0.2～0.3克。连用5天。

也可用泰乐菌素、林可霉素、新生霉素等药物治疗。

(10)衣原体病 由鹦鹉热衣原体引起家禽、野禽、哺乳动物和人的一种急性或慢性接触性传染病。以呼吸器官损伤为特征。目前尚无衣原体疫苗可以应用。控制衣原体病的最佳方法是使家禽不与野禽和任何污染的器具接触，同时搞好消毒和环境卫生，限制人员流动。当发生衣原体病时，可在每千克饲料中加入0.25～0.4克四环素、土霉素或金霉素，连用1～3周进行全群治疗和预防。治疗与停药交替进行，是清除慢性感染的有效方法。

32. 真菌性疾病的防治措施有哪些？

(1)鸡曲霉菌病　是由曲霉菌引起的，以侵害呼吸器官为主的真菌病。本病特征是呼吸道，主要是肺脏和气囊发生炎症，并形成霉菌小结节。1～4 周龄幼雏的发病率最高，死亡率也很高，多呈急性暴发，所以又称为霉菌性肺炎、育雏舍肺炎。成年鸡多散在发生，呈慢性经过。应从以下方面做好防治工作：加强饲养管理，搞好禽舍卫生，注意消毒和通风，保持禽舍干燥，不使用发霉的饲料、饮水和垫草，降低饲养密度，防止过分拥挤，是预防曲霉菌病发生的最基本措施之一。在饲料中添加防霉剂，是预防本病发生的一种有效措施。目前国内外最常用的霉菌抑制剂包括多种有机酸，如丙酸、醋酸、山梨酸、苯甲酸、甲酸等，以及各种染料如龙胆紫和硫酸铜等化学物质。本病发生后，要尽快查明霉菌存在的地点(饲料、饮水、垫料或是饲喂用具等)，及时清除病原。对病鸡进行药物治疗，可选用抗真菌药物。制霉菌素对本病有一定疗效，其用量为每只鸡每次用药 5 000～10 000 单位，每天用药 2 次，均匀拌入饲料或饮水中，连续用药 3～5 天。克霉唑对本病治疗效果也较好，其用量为每 100 只鸡每次用 1 克，每天用药 2 次，均匀拌入饲料中喂服，连用 3～5 天。也可用 1：2 000～1：3 000 的硫酸铜溶液饮水，连用 3～5 天，或用 1：2 000 硫酸铜溶液进行全群带鸡喷雾消毒，每天 1 次，连用 3～5 天，或在每升水中加入 5～10 克碘化钾，连续饮用 3～5 天。中草药治疗：处方一：鱼腥草 90 克，蒲公英 45 克，筋骨草 25 克，桔梗 25 克，山海螺 40 克，加水煎汁供 100 只雏鸡 1～2 天饮用，连用 7～10 天。处方二：肺形草、鱼腥草各 50 克，蒲公英、桔梗、山海螺各 16 克，筋骨草 10 克，煎汁代替饮水，供 100 只雏鸡

1 天服用，连用 7 天。

(2)鸡念珠菌病 是由白色念珠菌引起的一种真菌性传染病。主要侵害上消化道，在口腔、食管、嗉囊及腺胃形成白色假膜或溃疡。所以又称为鹅口疮、念珠菌口炎、霉菌性口炎。4 周龄以下鸡的易感性强，发病率及死亡率均比成年鸡高，感染后会迅速大批死亡。白色念珠菌广泛存在于自然界，尤其是植物和土壤中更多。若鸡吃了被污染的饲料或饮水，则引起外源性感染而发病。白色念珠菌还存在于健康鸡的上消化道内，正常情况下，没有致病作用。因为在健康鸡消化道内存在着与念珠菌相拮抗的常在菌，二者处于生物学的动态平衡状态，而不发生致病作用。但是长期、大量、不合理的使用抗生素，可抑制和念珠菌相拮抗的常在菌，致使念珠菌得以大量繁殖，发生疾病。金霉素有促进念珠菌生长的作用。一些抗生素使用不合理，能引起鸡体内维生素 B 族缺乏，黏膜抵抗力降低，也可促使本病发生。因此，饲料不全价，维生素缺乏，饮用水不清洁，不适当地使用抗生素等，都可促进本病内源性感染。采取综合的卫生防疫措施，是预防本病的关键。治疗可用以下药物。

①制霉菌素：每只鸡每次用药 5 000 单位，每天用药 2 次，均匀拌入饲料中喂服，连续用药 2～4 天。

②克霉唑：每 100 只鸡每次用药 1 克，每天用药 2 次，均匀拌入饲料中喂服，连用 3～5 天。

③硫酸铜：按 0.05%～0.07%比例混入水中，自由饮用，连用 7 天。

33. 寄生虫病的防治对策有哪些？

(1)鸡球虫病 是由艾美耳属的多种球虫寄生于鸡的肠

上皮细胞内而引起的以出血性肠炎、雏鸡高死亡率为特征的一种重要原虫病，对养鸡业危害十分严重。切断球虫的体外生活链，如保持圈舍通风、干燥和适当的饲养密度，及时清除粪便，定期消毒等，可有效防止本病发生。抗球虫药物大多都是在球虫生活史的早期才显示作用。鸡一旦出现便血症状，已造成组织损伤，再使用药物治疗往往已无济于事。因此，使用药物治疗的主张基本上已被药物预防的观点所取代。但实施治疗的时间若不晚于感染后的96小时(4天)，即血便刚刚出现及时给药，有时可降低死亡率。在一些大型养鸡场中应随时准备一些治疗效果好的药物，以防球虫病的突然暴发。常用的治疗药物及使用方法如下：

①磺胺二甲基嘧啶钠：按0.1%浓度混入饮水，连用2天；或按0.05%浓度混入饮水，连用4天。售前休药期为10天。

②磺胺喹噁啉：按0.1%混入饲料，喂2～3天，停药3天后用0.05%混入饲料内，喂2天，停药3天，再给药2天，无休药期。

③氨丙啉：按0.012%～0.024%浓度混入饮水内，连用3天，无休药期。

④磺胺氯吡嗪(三字球虫粉)：按0.03%的浓度混入饮水，连用3天，休药期5天。

⑤磺胺二甲氧嘧啶钠：按0.05%混入饮水，连用6天，休药期为5天。

⑥百球清(为2.5%的溶液)：按0.0025%混入饮水，即1升水用百球清1毫升，在后备母鸡群可用此剂量混饲或混饮3天。

(2)组织滴虫病 又称传染性盲肠肝炎或黑头病，是由火鸡组织滴虫寄生于禽类盲肠和肝脏引起的一种原虫病。以盲肠发炎、肝脏表面产生特征性的坏死性溃疡病灶为特征。搞好环境卫生，定期驱除鸡体内寄生虫，加强饲养管理，减少本病发生的诱因，可有效防止本病发生。

①预防：在经常发生本病的鸡场，每年在发病季节可使用甲硝哒唑（灭滴灵），以0.02%混入饲料中，连用3天为1个疗程，停药3天，连续5个疗程。由于本病的传播主要是通过鸡异刺线虫卵。因此，定期使用左旋咪唑或丙硫苯咪唑驱除鸡盲肠内的刺异线虫，是预防本病的根本措施。火鸡对本病易感性强，而成年鸡又是本病的带虫者。因此，火鸡与鸡不能同场饲养，也不应将原养火鸡的场地改为养鸡场。

②治疗：可采取如下药物和方法。一是呋喃唑酮（痢特灵）：以0.04%拌料，连喂7天。二是甲硝哒唑（灭滴灵）：以0.05%浓度饮水，连喂7天为1个疗程。也可按每千克体重0.04克剂量灌服，连用3～5天。

(3)鸡蛔虫病　是由鸡蛔虫寄生于鸡的小肠内引起的一种常见寄生虫病，遍及全国各地。严重感染，可影响雏鸡、青年鸡的生长发育，甚至引起死亡，给养禽业造成经济损失。实行全进全出制，鸡舍及运动场地面认真清理消毒，并定期铲除表土；改善卫生环境，粪便堆积发酵；料槽及水槽最好定期用沸水消毒；采取笼养或网上饲养，使鸡与粪便分离，减少感染的机会。

①预防：一是定期驱虫：幼鸡可在1.5～2个月龄进行第一次驱虫，以后每隔30天驱虫1次直至转入成鸡舍为止。成年鸡每年可驱虫2～3次，一般安排在每年春、秋两季进行。二是雏鸡与成年鸡分群饲养：不共用运动场。有条件的鸡场可网上育雏，以减少粪便与鸡接触的机会。鸡粪要逐日清除，

并集中堆积发酵(生物热处理),料槽和饮水器应每隔1～2周使用沸水消毒1次。鸡舍要保持向阳、干燥,通风良好。三是加强饲养管理:提供全价饲料,特别是应含有足量的维生素A和B族维生素等。

②治疗:可选用如下药物和方法。一是左旋咪唑:以每千克体重20～30毫克剂量拌料,一次内服。二是丙硫苯咪唑:以每千克体重15～20毫克剂量拌料,一次内服。三是甲苯咪唑:以每千克体重20～30毫克剂量拌料,一次内服。四是苯硫咪唑:以每千克体重7.5～10毫克剂量拌料,一次内服。五是噢芬哒唑:以每千克体重7.5～10毫克剂量拌料,一次内服。六是潮霉素:按每千克体重6～12毫克,拌料混饲,可控制成虫。七是阿维菌素:以每千克体重0.2毫克剂量拌料,一次内服。

(4)鸡绦虫病 是寄生于鸡小肠内的一类绦虫所引起的寄生虫病总称。常见的有赖利绦虫(棘沟赖利绦虫、四角赖利绦虫、有轮赖利绦虫)、漏斗带绦虫等七八种之多。严重感染可造成雏鸡大批死亡。

①预防:预防本病应及时消灭中间宿主;由地面平养改为网上饲养或笼养;注意粪便的处理,尤其是驱虫后粪便应堆积发酵。对鸡舍及运动场地定期使用溴氰菊酯、氯氰菊酯、杀灭菊酯等喷洒灭虫;粪便、垫料要及时清除,堆积发酵。

②治疗:一是氯硝柳胺(灭绦灵),以每千克体重50～100毫克剂量混于饲料内,一次内服。二是吡喹酮,以每千克体重15～20毫克剂量混入饲料内,一次内服。三是丙硫苯咪唑:以每千克体重20～30毫克剂量混料,一次内服。四是噢芬哒唑:以每千克体重10～15毫克剂量混料,一次内服。上述药物,必要时可在服药第二天,重复用药一次。五是中药治疗:

处方一:槟榔 2～3 克,南瓜籽 15 克炒黄为末,一次内服。处方二:雷丸、石榴皮各 1 份,槟榔 2 份,空腹内服,每只鸡 2～3 克,连用 2～3 天。

34. 营养代谢病的防治对策有哪些?

(1)维生素 A 缺乏症 本病是由于日粮中维生素 A 供给不足或消化吸收障碍所引起的以黏膜、皮肤上皮角化变质,生长停滞,干眼病和夜盲症为主要特征的营养代谢性疾病。应从以下方面做好防治工作。

根据生长与产卵不同阶段的营养要求特点,调节维生素、蛋白质和能量水平,保证其生理和生产需要。

防止饲料放置时间过久,也不要预先将脂溶性维生素 A 掺入饲料中或存放于油脂中,以免维生素 A 或胡萝卜素遭受破坏或被氧化。

治疗时要先消除致病病因。必须立即对病鸡用维生素 A 治疗,剂量为日维持需要量的 10～20 倍。可投服鱼肝油,每只每天喂 1～2 毫升,雏鸡则酌情减少。对发病的大群鸡,可在每千克饲料中拌入 2 000～5 000 单位的维生素 A,或补充含有抗氧化剂的高含量维生素 A 11 000 单位的饲用油。只要病情不太严重,多数鸡可很快康复。由于维生素 A 不易从机体内迅速排出,长期过量使用会引起中毒,应注意防止。

(2)维生素 D 缺乏症 维生素 D 主要生理作用是促进小肠上皮和肾小管对钙、磷的吸收,维持一定的血钙和血磷浓度;维持骨骼的正常钙化。缺乏维生素 D 时,小肠对钙的吸收发生障碍,血中钙和磷的含量下降,钙、磷比例失调,使骨骼不能正常钙化,从而出现一系列缺钙、缺磷症状。注意饲料合理配合和购买质量可靠的维生素添加剂。在舍饲条件下,鸡

所需的维生素 D_3 主要来源于饲料中添加的多种维生素和维生素 AD_3 粉。生产实践中，由于饲料、环境等各种应激因素的存在，每千克配合饲料维生素 D_3 的推荐添加量为：肉用仔鸡 2 500～3 000 单位，青年鸡 1 500～2 000 单位，种鸡 2 500～3 000 单位。出现缺乏症时，应及时调整饲料，并对全群进行预防性治疗。每千克饲料添加鱼肝油 10～20 毫升，同时将维生素 AD_3 粉添加量加倍，持续一段时间，一般 2～3 周可收到较好效果。个别重症鸡，可一次性口服 15 000 单位的维生素 D_3。对骨骼严重变形或骨折的病鸡，应予淘汰。

(3)硒和维生素 E 缺乏症 本病是由于家禽体内缺乏硒和维生素 E 所引起的以脑软化症、渗出性素质、白肌病和胰腺营养性萎缩为主要病变，且表现形式多样的营养代谢病。应从以下方面做好防治工作：在饲料中增加青绿饲料和带种皮的籽实饲料，或定期喂给大麦芽、谷芽，中药黄芪和植物油等饲料。治疗时，加大预防量则可达到治疗目的。可在病鸡饲料中添加 0.5%植物油（富含维生素 E）；也可在每千克饲料内拌和 5 毫克醋酸维生素 E；还可给病鸡喂服维生素 E 300 单位，同时补充硒制剂，每千克饲料含硒 0.05～0.1 毫克。在治疗此病时，应同时给予硒和维生素 E，比单用硒或维生素 E 时疗效好。

(4)维生素 B_1 缺乏症 本病是由于维生素 B_1 缺乏而引起神经组织和心肌代谢和功能障碍的一种营养代谢病。应从以下方面做好防治工作：保证日粮中正常供应维生素 B_1，喂给富含维生素 B_1 的饲料，如新鲜青绿饲料，麸皮、米糠、酵母等。大群的病鸡可用维生素 B_1 治疗，每千克饲料中添加 20 毫克，连用 1～2 周。重症鸡可肌内注射维生素 B_1 注射液，雏鸡每天 2 次，每次 1 毫克；成年鸡每次 5 毫克，连用数日。治疗期间多种维生素添加量可提高至每吨饲料 500 克。

(5)维生素 B_2 缺乏症 本病又称核黄素缺乏症，是以雏鸡的趾爪向内蜷曲，两腿发生瘫痪为主要特征的营养缺乏症。应从以下方面做好防治工作：应用全价配合饲料喂鸡群，注意选用一些富含维生素 B_2 的饲料，如动物肝脏、酵母、糠麸等，根据鸡不同的生长阶段，在饲料中添加维生素 B_2。病鸡可用核黄素治疗：大群治疗每千克饲料中添加 20 毫克，连用 2 周，同时适当增加多种维生素的添加量；重症鸡可用维生素 B_2 制剂内服或注射（皮下或肌内）。

(6)泛酸缺乏症 泛酸又名遍多酸、抗皮炎因子、维生素 B_3。广泛存在于一切植物和动物性饲料中，一般不易出现缺乏症。泛酸极易被热、酸、碱所破坏。它与维生素 B_{12} 有着密切的关系，当维生素 B_{12} 缺乏时，就有可能引起泛酸缺乏症。玉米中泛酸含量较少，以玉米为主要成分的配合料如不添加多维素，也可引起泛酸缺乏症。应从以下方面做好防治工作：选含富有泛酸的原料来配合饲料，如酵母粉、麸皮、米糠，优质苜蓿草粉等。出现泛酸缺乏症时，可用泛酸钙进行治疗，每千克饲料加泛酸钙 20～30 毫克，连用 2 周左右，同时增加多种维生素的添加量。

(7)烟酸缺乏症 烟酸又称维生素 PP、维生素 B_5、抗糙皮病因子和烟酰胺，对物质代谢具有重要作用。饲料中色氨酸缺乏时，对烟酸需要量增多。玉米中含色氨酸很低，故日粮中玉米配合过多，就会引起鸡的烟酸缺乏症。应从以下方面做好防治工作：供给鸡群全价配合日粮，适当添加烟酸，并选用富含烟酸的原料如麸皮、糠麸、豆粕、啤酒酵母等作为鸡饲料的成分。出现缺乏症时，应及时补充饲料多种维生素的添加量，并用烟酸治疗，每千克饲料添加 30～40 毫克。重症鸡可用烟酸胺注射液肌内注射，用量为每只鸡 0.04～0.1 毫升，每天 1 次，连用 3 天或烟酸内服，每只鸡 1～2 毫克，连用 7～10 天。

(8)维生素 B_6 缺乏症 维生素 B_6 是易相互转化的三种吡啶衍生物，即吡哆醇、吡哆醛和吡哆胺的总称。吡哆醇是参与机体代谢的重要物质。大多数饲料中都含有丰富的吡哆醇。因此，日粮中一般不需补充。鸡日粮中配合青绿饲料，或在不同生长阶段的肉鸡，每千克饲料维生素 B_6 的需要量为 3～5 毫克。一旦出现缺乏症，可于每千克饲料中加入 10～20 毫克维生素 B_6 或每只成年鸡肌内注射 5～10 毫克维生素 B_6 进行治疗。

(9)生物素缺乏症 生物素又叫维生素 H，它是家禽必不可少的营养物质，以多种酶的形式参加脂肪、蛋白质和糖的代谢。当缺乏时，脂肪代谢障碍，以鸡的喙底、皮肤、趾爪发生炎症，骨发育受阻，呈现短骨为特征病变。应从以下方面做好防治工作：供给全价日粮，加强饲料管理。日粮中陈旧玉米、麦类不要过多，减少较长时间喂磺胺、抗生素类添加剂等；严禁使用腐败的富含脂肪的原料。出现缺乏症时，可用生物素进行治疗，每千克饲料添加 0.15 毫克，同时改善饲料配方。

(10)叶酸缺乏症 叶酸又称维生素 B_{11}，是鸡体代谢的必需物质。在大豆、苜蓿、肝脏粉中含量很高，但在玉米中含量很少，在鸡饲料中玉米配料量太多时，就会发生叶酸缺乏症。因而，注意供给全价营养日粮，在饲料中搭配一定量的富含叶酸的原料，如胡麻饼、肝脏粉、苜蓿草粉、棉籽粕等，选用含有叶酸的多种维生素。出现叶酸缺乏症时，可在每千克日粮中添加 5 毫克叶酸进行治疗，也可肌内注射 50～100 微克叶酸制剂，连用 7 天。

(11)维生素 B_{12} 缺乏症 维生素 B_{12} 是惟一含有金属元素钴的维生素，所以又称为钴胺素，是维持鸡的正常生长和健康所必需的物质。鸡的需要量很大，但一般日粮中不缺乏。当地方性缺钴时，也会发生本病。应从以下方面做好防治工作：供给全价日粮，加强饲养管理。雏鸡、种鸡的饲料中每千克加维生素 B_{12} 4 毫克。发病后成鸡每只可肌内注射维生素 B_{12} 注射液 2～4 微克。

(12)胆碱缺乏症 胆碱又称为维生素 B_4。本病是由于胆碱的缺乏而引起脂肪代谢障碍，使大量的脂肪在家禽肝脏内沉积所致的脂肪肝或称脂肪肝综合征。应从以下方面做好防治工作：预防只要针对调查出的病因，采取有力措施是可以防止发病的。治疗上可采取每吨饲料中添加 50%氯化胆碱 3 千克，维生素 E 10 000 单位，维生素 B_{12} 12 毫克，肌醇 1 千克，连续治疗 2 周，同时增加多种维生素添加量。

(13)维生素 K 缺乏症 本病是由于维生素 K 缺乏使血液中凝血酶原和凝血因子减少，而造成家禽血液凝固过程发生障碍，血凝时间延长或出血等病症为特征的营养代谢病。针对病因采取相应措施，可收到防治作用。给雏鸡日粮添加维生素 K 1～2 毫克/千克，并配合适量青绿饲料、鱼粉、肝脏等富含维生素 K 及其他维生素和矿物质的饲料，有预防作用。对病鸡则在饲料中添加维生素 K 3～8 毫克/千克，或肌内注射维生素 K 注射液，每只鸡 0.5～3 毫克。

(14)钙磷缺乏症 肉鸡饲料中钙、磷缺乏，以及钙、磷比例失调，是骨营养不良的主要病因。不仅影响生长发育中肉鸡骨骼的形成、成年母鸡蛋壳的形成，而且影响肉鸡的血液凝固、酸碱平衡、神经和肌肉正常功能发挥。防治的关键是加强饲养管理，注意日粮中钙、磷含量及其比例，营养成分的比例。

增加运动和光照。发病后及时改善饲料，将钙、磷比例调到营养标准要求量，适当增加饲料多种维生素的含量，并于饲料中添加适量的鱼肝油或 AD_3 粉。

(15)锰缺乏症 本病又称脱腱症、骨短粗症、滑腱症、膝关节症。锰是动物体必需的微量元素。鸡对锰的需要量相当高，对锰缺乏最为敏感，易发生锰缺乏症，表现为以骨短粗或滑腱为其主要病症。应从以下方面做好防治工作：注意饲料配合，骨粉、玉米不宜过量，矿物质和营养成分的比例要适当，补充维生素含量丰富的饲料。发生锰缺乏时，每千克饲料中加 0.1～0.2 克硫酸锰、1 克氯化胆碱、0.4 克多种维生素。或每升水加 0.05～0.1 克硫酸锰饮服。或用 1∶3 000 高锰酸钾水作鸡的饮水，现配现用，每天 2 次。饮 2 天停 2 天，如此反复几次。对腿骨变形病重者，应予淘汰。

(16)锌缺乏症 锌是动物生命中必需的微量元素，参与动物体合成蛋白质及其他物质的代谢。家禽缺乏锌，致使生长迟缓，跗关节增大，骨骼与胚胎发生一系列病理变化。应从以下方面做好防治工作：注意饲料的全价性。主要选用优质微量元素添加剂，或在饲料中配合肉粉、骨粉、谷类饲料。当发生缺乏症时，可于每千克饲料中加硫酸锌 100～200 毫克或氧化锌 50～100 毫克，同时增加饲料中维生素 E 的含量进行辅助治疗。

35. 肉鸡其他常见病的防治对策有哪些？

(1)鸡脂肪肝和肾综合征 是肉用仔鸡发生的一种以肝脏、肾脏肿胀、嗜睡、麻痹和突然死亡为特征的疾病。主要发生于 10～30 日龄的肉用仔鸡，以 3～4 周龄发病率最高。应从以下方面做好防治工作：日粮中增加蛋白质，给予含生物素利用率高的玉米、豆饼之类饲料，禁止用生鸡蛋清拌饲料育雏。按鸡体重计，每千克体重补充0.05～0.10毫克生物素，经口投服，或每千克饲料中加入0.15毫克生物素，可取得良好效果。

(2)痛风 是体内蛋白质代谢障碍和肾功能障碍所引起的营养代谢性疾病。主要特征是尿酸和尿酸盐大量在内脏器官或关节中沉积。应从以下方面做好防治工作：

①加强饲养管理，保证饲料的质量和营养的全价，尤其不能缺乏维生素A。

②做好诱发该病的疾病防治。

③不要长期使用或过量使用对肾脏有损害的药物及消毒剂，如磺胺类药物、庆大霉素、卡那霉素、链霉素等。

④治疗：降低饲料中蛋白质的水平，增加维生素的含量，给予充足的饮水，停止使用对肾脏有损害作用的药物和消毒剂。饲料和饮水中添加有利于尿酸盐排出的药物，如立服能，每升饮水中添加1克立服能，连用3～5天，可缓解病情。

(3)腿部疾病 是肉鸡的常见病，包括腿软无力、腿骨和关节变形、腿骨折断、关节和足底脓肿等，造成跛行、瘫痪，影响运动和采食，制约生长速度，越是增重迅速的高产品种，腿病发生得越多，因而使得养殖效益降低。本病的发病率为2%～5%，目前尚无特效措施预防，只能通过加强饲养管理来减少发病率，减轻症状，把损失降至最低。一般来说，对本病没有什么有效的治疗方法，生产中只能采取一些综合性措施，以减少发病。

①分段控制营养：在饲养阶段前期（3～4周龄），保证鸡长好骨架，体质健康，防止体脂蓄积。为此要加强运动，增强肉鸡体质；控制饲料中的代谢能水平，或根据需要限量饲养，

并定期抽查体重，及时调整日粮。肉鸡在4周龄以后再加速育肥，促进尽快增重，肉的嫩度增加。

②保持营养均衡：饲粮中各种矿物质必须充足而不过量，各种维生素要充足有余。特别要防止钙、锰缺乏，磷过量，以及维生素D、维生素B_2及生物素缺乏。肉用仔鸡完全在舍内饲养，见不到阳光，自身合成维生素D很少，容易缺乏，而维生素D对防止腿病又至关重要，因而饲粮中多种维生素应适当偏多，还可以另外添加一些维生素AD_3粉。微量元素添加剂要选用优质产品，必要时可于每50千克饲粮中另外添加10克硫酸锰。如果饲粮中配入油脂、油渣、肉渣等，务必新鲜，腐败变质会破坏生物素，引起腿骨粗短等症状。

③创造适宜的环境：饲养密度不宜过大，体重在1千克以上的每平方米不超过12只，使鸡有一定的运动量；垫草要保持干燥、松软，防止潮湿、板结；前期温度偏低，鸡群受冷，会在后期发生腿病，也需要加以注意；采用勤添少喂的方式投料，以增加鸡啄食和运动的时间；在转群、疫苗接种时应尽可能地避免捕捉鸡只，以减少应激。

④搞好疾病预防：部分细菌和病毒也会诱发肉鸡的腿部疾病，所以必须做好疫苗接种和预防工作。尤其注意对大肠杆菌病、葡萄球菌病及其他腿脚部感染的预防。对患鸡要及早隔离，精心管理，适时将其售出，以减少经济损失。

(5)鸡腹水综合征 又叫“高海拔”症，是一种常见的非传染性疾病。主要特征是：腹水，心室肥大、扩张，肺淤血、水肿及肝脏肿大等，最后因心力衰竭而死。目前对本病尚无理想的治疗方法，使用强心利尿药物对早期病鸡有一定的治疗效果。在冬季和早春养鸡，应加强鸡舍的通风换气，并防止慢性呼吸道病的发生。饲喂粉料，注意饲料中各种维生素和微量元素的给量,防止食盐及各种药物超量。

(6)肉用仔鸡胸囊肿 是胸部的一种炎性疾病,多发于5周龄以后。胸囊肿是肉用仔鸡生产中常见的问题,该病虽不引起死亡,但影响胴体的美观,降低商品价值和等级,对肉鸡业的发展形成一定的威胁。应从以下方面做好防治工作:

①改进地面垫料或笼底网的结构和材料,减少胸部的摩擦及挫伤。地面平养,要用锯末、稻草、砻糠等作垫料,并有一定的厚度(5～10厘米),同时还要经常松动垫料,以防板结,保持垫料的干燥、松软。对于笼养或网养,可改进底网结构和材料,加一层富有弹性、柔软性较好的尼龙或塑料网片,防止胸部与金属网或硬质底网摩擦,这对降低胸部囊肿发病率和减轻病症作用很大。

②配合日粮要保证肉用仔鸡的营养需要。日粮中要有足够的维生素A、D及钙、磷等物质,使鸡的骨骼发育良好,减少腿部疾病的发生,不伏地而行,即可控制本病。

③羽毛生长好可减少对皮肤的摩擦,羽毛生长不良可促使胸囊肿的发生。

④加强日常管理,改善环境条件。保持鸡舍清洁卫生,通风良好,温、湿度适宜。适当增加鸡群的活动量,减少伏卧时间,即可增加饲喂的次数,定时趟圈,促使鸡群活动,减少发病机会。

⑤对严重病鸡,可将囊肿部及其周围清洗消毒后,按外科手术处理,并隔离饲养,即可痊愈。

(7)肉鸡猝死综合征 又称暴死症或急性死亡综合征,是一种急性病,一年四季均可发病,尤以夏、冬季多发,一般在1周龄时开始发病,逐渐呈上升趋势,3周龄时达到发病高峰,而且雄性雏鸡比雌性雏鸡的发病率高约3倍左右,死亡率在

5%以内。该病的另一特点是以肌肉丰满、外观健壮的肉仔鸡突然死亡为特征。生长发育快、体质优良的鸡多于体轻瘦弱者，大多数病鸡在饲喂、噪声惊吓或捕捉等应激因素时突然死亡。因本病的病因复杂，目前尚无有效的药物进行预防，因此必须采取综合性防治措施，才能有效地减少本病的发生。

①鸡舍远离闹市区和交通要道，不要经常更换鸡舍及饲养人员，保持舍内卫生清洁，舍内通风换气要好，密度要适当。保持鸡群安静，尽量减少噪声及其他应激因素。3周龄前光照时间及光照强度不能太长太强。

②饲料中配制的日粮各种营养成分要平衡。肉仔鸡生长前期一定要给予充足的生物素、硫胺素等B族维生素以及维生素A、维生素D、维生素E等，适当控制肉仔鸡前期的生长速度，不用能量太高的饲料。1月龄前不主张加油脂，若要添加油脂时，要用植物油代替动物脂肪。减少喂颗粒料，这些都可有效地降低本病的发生。

③饲料中也要注意调节好酸碱平衡以及电解质离子平衡。雏鸡在10～21日龄时，可用碳酸氢钾、乳糖、葡萄糖及足够的钠离子、钾离子和氯离子等离子，从而保持酸碱及离子平衡。雏鸡在10～21日龄时，可用碳酸氢钾按0.5～0.6克/只饮水或3～4千克/吨料拌料进行预防，效果较好。

书名	定价
种草养牛技术手册	19.00
养牛与牛病防治(修订版)	8.00
奶牛规模养殖新技术	21.00
奶牛良种引种指导	11.00
奶牛高效养殖教材	5.50
奶牛养殖小区建设与管理	12.00
奶牛高产关键技术	12.00
奶牛肉牛高产技术(修订版)	10.00
农户科学养奶牛	16.00
奶牛实用繁殖技术	9.00
奶牛围产期饲养与管理	12.00
肉牛高效益饲养技术(修订版)	15.00
肉牛高效养殖教材	8.00
肉牛快速肥育实用技术	16.00
肉牛育肥与疾病防治	15.00
牛羊人工授精技术图解	18.00
马驴骡饲养管理(修订版)	8.00
科学养羊指南	35.00
养羊技术指导(第三次修订版)	18.00
农区肉羊场设计与建设	11.00
农区科学养羊技术问答	15.00
肉羊高效益饲养技术(第2版)	9.00
肉羊无公害高效养殖	20.00
肉羊高效养殖教材	6.50
绵羊繁殖与育种新技术	35.00
滩羊选育与生产	13.00
怎样养山羊(修订版)	9.50
小尾寒羊科学饲养技术(第2版)	8.00
波尔山羊科学饲养技术(第2版)	16.00
南方肉用山羊养殖技术	9.00
奶山羊高效益饲养技术(修订版)	9.50
农户舍饲养羊配套技术	17.00
实用高效种草养畜技术	10.00
种草养羊技术手册	15.00
南方种草养羊实用技术	20.00
科学养兔指南	32.00
中国家兔产业化	32.00
专业户养兔指南	19.00
养兔技术指导(第三次修订版)	19.00
实用养兔技术(第2版)	10.00
种草养兔技术手册	14.00
新法养兔	18.00
獭兔高效益饲养技术(第3版)	15.00

以上图书由全国各地新华书店经销。凡向本社邮购图书或音像制品,可通过邮局汇款,在汇单“附言”栏填写所购书目,邮购图书均可享受9折优惠。购书30元(按打折后实款计算)以上的免收邮挂费,购书不足30元的按邮局资费标准收取3元挂号费,邮寄费由我社承担。邮购地址:北京市丰台区晓月中路29号,邮政编码:100072,联系人:金友,电话:(010)83210681、83210682、83219215、83219217(传真)。